1500張實境照

# 料理不失敗
# 10堂必修課

### 世界金牌團隊的
### 100道美味家常菜

# 融會貫通基本工法
# 烹煮藏在細節裡的美味

中華文化博大精深，自然也體現在餐飲料理上。中餐其實沒有所謂的斤兩，同樣的配方，不同的師傅所呈現出來的菜色一定不同，最主要的原因，其實來自於中餐的烹調過程當中藏有許多的眉角。

舉例來說，若想炒出一盤翠綠鮮甜的青菜，從選季節產地品種的青菜、洗、切到炒，每個步驟都是關鍵，而這些都是經過一次又一次的摸索和練習，才能累積出紮實的基本功力，從而因應每個不同的變數來調整作法，炒出最美味的青菜。

如今中餐界著重追求傳統「古早味」，同時為了與時俱進，力求改良創新，找到傳統與創意的最佳平衡點，讓中餐發揚國際。而要想達到這樣的境界，必須不忘料理初衷和根本技法，正如同開平餐飲學校數年來如一日，以最核心的基礎工法做為教學的最大原則，讓學生能夠融會貫通、靈活運用，找出專屬於自己並且獲得世界肯定的美味。

此次開平餐飲學校特別集結中餐組師傅們傾囊相授，共同努力推出這本《做料理不失敗的 10 堂必修課》，最值得一讀的地方就在於拆解了中餐的繁瑣步驟細節，以最簡單易懂的圖文方式呈現，讓讀者能夠領略中餐藏在細節裡的眉角，可以說是最適合自學和教學的中餐料理工具書，相信一定能夠幫助想要學習中餐料理的讀者打好基本功，進而達到推廣中華餐飲文化的目標，讓人相當期待！

中華美食交流協會榮譽理事長
青青餐廳總經理

**施建發**

# 在家就能完美複製
# 10 大烹調手法 100 道療癒料理

　　與開平結緣於 2016 年，當時參與由夏副校長帶領的「開平聯隊」，遠赴荷蘭鹿特丹，參加四年一次的「中國第八屆烹飪世界大賽」。

　　在那場高水準的廚藝盛會中，開平聯隊幸運地榮獲佳績，也從 23 個國家、48 支代表隊的同場競技中，獲得許多啟發與成長；另一個重要收穫則是，有幸與夏副校長多日相處，從而深刻瞭解到夏副校長的辦學理念，對餐飲技職教育的無私奉獻，以及積極推廣提升餐飲文化的用心。

　　在夏副校長的堅持與努力下，開平餐飲學校是台灣唯一獲得 World Chefs 世界廚師聯合會頒發「優質廚藝學程認證」的餐飲學校，多年來，始終以創新課程和專業師資，培育優秀餐飲人才，更為台灣餐飲業、飯店業，提供許多的餐飲生力軍。

　　由基金會出版的這本《做料理不失敗的 10 堂必修課》，將炒、燒、蒸、煮、炸、溜、煎、燴、漬、拌，10 大料理手法的 100 道菜餚，分門別類，詳實地把備料、料理步驟用圖文並茂的方式清楚呈現，讓讀者非常容易地瞭解各種技法，不論是學生、家庭主婦，或是專業廚師，按照書中的重點，必定能輕鬆做出不失敗的好料理！更難能可貴的是，有別於坊間種類繁多的食譜，《做料理不失敗的 10 堂必修課》，將廚房所需的各種工具一一說明，便於讀者理解選購，連磨刀的方法都採 step by step 的方式呈現；10 種技法的要訣、12 款中式料理必備的調味料，也都為讀者周全設想，是一本用心、貼心，且著重烹調工法的專業食譜。

北投大地酒店行政總主廚

**李昭明**

# 獻給
# 想更精進廚藝的你

　　如果你把它當作一般的中餐烹調書籍來看,你可就太小看它了!因為這本書內的文字敍述及圖片,生動又豐富,能一次教會你專業大廚的獨家技法及基本刀工。食譜到處都有,但真正能做到淺顯易懂的,絕對是少數中的一個,好的廚師是「以廚藝贏人,以廚德服人」,以此書推薦給想更精進廚藝的你們。

台灣國際年輕廚師協會榮譽理事長
台北儂來餐飲事業餐飲總監
**黃景龍**

　　這是一本超級無敵好用的工具書,作者將料理的每一個步驟都交代的很清楚,如果可以早十年發行,丫曼達也不需要獨自摸索那麼久了!大力推薦!

知名部落客‧作家
**丫曼達**

　　職人的養成是於食材、刀法及料理理之中靜心累積。本書不藏私地分享大廚的必 修課程,讓你輕鬆料理理出美味的經典菜色!

大豐行肉舖 /《豬肉王子的下班餐桌》作者
**李鴻賓**

# 解構中餐奧祕，
# 用料理接軌國際

　　2017 年，我們出版《做甜點不失敗的 10 堂關鍵必修課》，透過一道道精緻的甜點菜餚，為讀者完整呈現料理的精髓；2018 年，我們出版《金牌團隊不藏私的世界麵包全工法》，藉由世界各國琳瑯滿目的麵包種類及工法，帶領讀者邀遊地球各個角落。而今年，我們腳步未曾停歇、繼續大步向前，終於推出這本《做料理不失敗的 10 堂必修課食譜》，從基礎技法到進階應用，為讀者一一解構火熱的中餐料理奧祕。

　　相較於其他菜系，中餐的學習系統向來以師徒制承襲為大宗，想學中餐就得先拜師，而師傅也不會手把手地教導徒弟，而是講究考驗學徒的觀察能力以及用心程度，能學幾分，全得各憑本事，各家師徒往往冶煉成自己的一套口味系統，讓人倍覺中餐的寬廣與深奧。

　　然而，對於深耕餐飲教育數年、總是走在國際趨勢前頭的開平餐飲學校而言，透過解構餐飲原則、工法、技巧，讓學生不是複製一道道料理如何製作，而是能夠融會貫通、靈活運用，不僅是我們的餐飲專業，更是我們投入教育的核心精神。

　　就像我們獨創土生土長的「PTS教學法」，透過階段性、主題式、社會化教學，翻轉傳統教育，讓學生具備反思、合作以及創造能力，自己找出問題核心、提出解決方法，從中培養能夠服膺未來、擁有國際競爭優勢的核心素養能力。

　　作為世界廚師協會 WorldChef 全球唯一認證高中，開平餐飲學校此次以專業廚師團隊投入了無數個小時和心力，將繁複的中餐解構出十六種常見基本工具、十大主要技法、十二種必備醬料，以及大廚不外傳的刀工要訣，全數收錄在這本書當中，我們的目的，不是在教製作料理，而是幫助讀者打通任督二脈，架好基礎，便能養成應變以及創造能力。

　　當我們能夠紮深家鄉底蘊，信手拈來一道又一道兼具傳統與創新的中式料理，不僅能讓世界從料理看見我們的專業，更能以中餐作為根基起點，接軌世界豐富多元的料理，讓世代傳承的文化，脫胎換骨達到真正的「創新」境界。

　　而當然，秉持著我們不曾改變的理念與精神，接下來還會再推出更精采可期的系列書籍，大方不藏私地分享開平餐飲的教學祕訣，我們始終相信，餐飲能夠連結人與人之間，為人們建立最美味的關係、品嘗最美好的生活。

開平青年發展基金會

夏豪均

# 目錄

002 推薦序言
004 將烹調技法鎔鑄成真正高深的廚藝之路

Part

## 課程開始之前！基本工具 · 調味料一次解構！

**014 選對工具！廚房道具選用技巧大公開**
01 菜刀 · 02 砧板 · 03 磨刀器具 · 04 炒鍋 · 05 剪刀 · 06 削皮刀 · 07 量杯
08 量匙 · 09 刮麟刀 · 10 鋼盆 · 11 疏離 · 12 煎鏟 · 13 炒杓 · 14 漏杓
15 濾油網 · 16 蒸籠

**022 活用技法！10 堂烹飪課讓家常菜美味升等**
01 炒的技法 · 02 燒的技法 · 03 蒸的技法 · 04 煮的技法 · 05 炸的技法
06 拌的技法 · 07 漬的技法 · 08 溜的技法 · 09 煎的技法 · 10 燴的技法
特別附錄：燻的技法

**024 靈活調醬！12 款中式料理必備調味料**
01 醬油 · 02 蠔油 · 03 鎮江香醋 · 04 烏醋 · 05 紹興酒 · 06 米酒
07 豆瓣醬 · 08 胡麻油 · 09 糯米醋 · 10 香油 · 11 番茄醬 · 12 胡椒粉

Part | **1**

# 吃過的都說讚！讓家常菜更好吃的烹調祕訣！
## 專業大廚不藏私的 5 大必學技法完整公開

*Lesson 1*
# 炒的技法

· 豬牛
028 京醬肉絲 ·030 客家小炒 ·032 薑絲大腸 ·034 蒼蠅頭 ·036 回鍋肉
038 炒豬肝 ·040 彩椒骰子牛 ·042 蔥爆牛肉

· 雞鴨
044 安東子雞 ·046 宮保雞丁 ·048 左宗棠雞

· 海鮮
050 生菜蝦鬆 ·052 腰果蝦仁 ·054 龍井蝦仁

· 蔬菜＆蛋＆豆腐
056 乾煸四季豆 ·058 金沙南瓜 ·061 蝦醬空心菜
062 腐乳高麗菜 ·064 番茄炒蛋

· 主食
066 三鮮炒麵 ·069 金瓜米粉 ·072 櫻花蝦炒飯
075 雪菜肉絲年糕 ·077 干炒牛河

## Lesson 2
# 燒的技法

- 豬牛
  080 無錫排骨 ‧082 麻油松阪肉 ‧084 東坡肉 ‧087 藥燉排骨 ‧088 豬腳麵線
  090 五香牛腱 ‧092 紅燒牛腩

- 雞鴨
  094 花雕雞 ‧096 芋香滑雞煲 ‧098 三杯雞 ‧100 栗子燒雞 ‧102 麻油雞
  104 芋頭鴨

- 海鮮
  106 蒜子燒黃魚 ‧108 蔥燽烏參 ‧110 乾燒大蝦

- 蔬菜＆蛋＆豆腐
  112 苦盡甘來 ‧114 三杯杏鮑菇 ‧116 湖南豆腐


## Lesson 3
# 蒸的技法

- 豬牛
  118 豉汁排骨 ‧120 梅干扣肉 ‧123 蜜汁火腿 ‧126 蛋黃瓜仔肉

- 雞鴨
  128 臘腸蒸雞 ‧130 人參燉烏雞

- 海鮮
  132 豆酥鱈魚 ‧134 樹子蒸午仔魚 ‧136 剁椒鱸魚 ‧138 蔥油石斑 ‧140 蒜蓉明蝦

- 蔬菜＆蛋＆豆腐
  142 百花鑲豆腐 ‧144 清蒸臭豆腐 ‧146 蒸三色蛋

- 主食
  148 上海菜飯 ‧150 紅蟳米糕

- 湯品
  153 鳳梨苦瓜雞湯

*Lesson 4*

# 煮的技法

- 豬牛
  **156** 醃篤鮮 · **159** 水煮牛肉 · **162** 羅宋湯

- 雞鴨
  **164** 蔥油雞 · **167** 酸辣湯 · **170** 酸菜下水湯

- 主食
  **172** 鯧魚米粉 · **174** 客家鹹湯圓

*Lesson 5*

# 炸的技法

- 雞鴨
  **176** 椒麻雞 · **178** 鹹酥雞 · **180** 南乳雞翅

- 海鮮
  **182** 香酥花枝條 · **185** 百花油條 · **188** 鳳梨蝦球

Part | 2

# 跟大廚學做菜！
## 不費工 · 簡單煮，新手一次就能學會的烹調技法

*Lesson 6*
## 溜的技法

- 豬牛
  192 咕咾肉 · 194 黑椒牛柳

- 海鮮
  196 西湖醋魚

- 蔬菜＆蛋＆豆腐
  198 西魯肉 · 201 金銀蛋莧菜

*Lesson 7*
## 煎的技法

- 海鮮
  202 乾煎魚肚

- 蔬菜＆蛋＆豆腐
  203 魚香烘蛋 · 206 菜脯蛋

*Lesson 8*
## 燴的技法

- 豬牛
  208 茄汁豬排 · 210 咖哩小排

- 海鮮
  212 雪菜魚片 · 214 蔭豉鮮蚵

- 蔬菜＆蛋＆豆腐
  216 蟹黃角瓜 · 219 蟹黃豆腐 · 222 麻婆豆腐

*Lesson 9*

# 漬的技法

- 雞鴨
  224 紹興醉雞

- 蔬菜＆蛋＆豆腐
  227 梅汁番茄 ・228 廣東泡菜 ・230 味噌小黃瓜

- 海鮮
  232 鹹蜆仔

*Lesson 10*

# 拌的技法

- 雞鴨
  234 麻辣雞胗 ・236 雞絲拉皮

- 海鮮
  238 五味透抽

- 蔬菜＆蛋＆豆腐
  240 蔥油地瓜葉 ・242 松柏長青

- 特別附錄 -- 燻的技法
  244 煙燻鱸魚

Part | # 3

# 大廚不外傳！
# 基本刀工 ・ 盤飾 ・ 水花製作要訣

248 熟能生巧！基本刀工的要訣

253 藝術饗宴！基本盤飾的要訣

257 形狀變化！水花示範

課程開始之前

# 基本工具、調味料，一次解構！

中式料理必備的器具的選購、使用與保養

# 選對工具！
# 廚房道具選用技巧大公開

## 01 菜刀

工欲善其事，必先利其器。菜刀是一位料理人最重要的工具，大多數廚師將其視為生命般的重要，要如何才能挑選適合自己的刀具？首要是看使用的用途。依照需要的用途挑選適合的刀具，中餐刀具的種類繁多，常見的有下列幾種：片刀、桑刀、文武刀、肉桂刀、斬骨刀、剔骨刀、剁刀、砍刀、九江刀、上海馬頭刀、片鴨刀、豬肉刀、拍皮刀。

不同用途的刀刃設計不同，刀刃幾何角度、刀身厚度與刀具重量，會有很大的差異，對於專業廚師來說，沒有萬用刀這回事，萬用也就表示切什麼都不好用。

片刀是料理最常使用的刀具，要買一支適合的片刀，可以從以下三個方向來觀察選擇。

### ▌▌▌鋼材特性

廚刀鋼材決定廚刀的硬度、強度與耐用性，製作方式與型號，會有很多不同的選擇，雖說一分錢、一分貨，但並不表示貴的就一定適合自己，而是要依照自己的使用習慣、用途以及保養磨刀能力能夠駕馭的鋼材，切片需要硬度高的鋼材，但若剁砍就不能只要硬度，還要考量彈性與韌性，使用量大就需要耐磨性，挑選合適的才能達到事半功倍。

鋼材的種類選擇，主要分為會生鏽的碳鋼與不會生鏽的合金鋼。

會鏽的碳鋼之所以還有這麼多專業廚師喜愛的原因，是因為利度和耐磨性的優異表現，鋼質硬且易於磨利，以及價格經濟實惠，容易讓初學者上手，但會生鏽不好保養，適合每天使用且切肉量大的職業廚師使用，不適合切熟食與當水果刀，感覺較不衛生且容易酸蝕生鏽而讓食材殘留氣味。高碳鋼大都利用較有彈性的鋼材夾住碳鋼，製成三合夾鋼，增加刀的韌性，否則高碳鋼如果使用方式不正確，是會容易出現崩刃的，現今有許多中式菜刀會利用不鏽鋼包碳鋼製成夾鋼，犧牲了一些硬度，達到刀身不鏽，但刃口使用不當或不常保養還是會生鏽。

現今不鏽合金鋼的冶煉技術成熟，許多鋼材的表現已經超越了高碳鋼，鋼材種類繁多，任君挑選，價格差異頗大，優點是容易保存、衛生，製作片刀時部分品牌的缺點就是刀身太厚、重量太重，還有就是鋼材太硬時，使用變鈍後不容易磨利。

以下介紹幾種較常見優秀的不鏽鋼材

　　鉬釩合金鋼是各大品牌刀廠幾乎都有使用類似的材質，其中德國 1.4116 鋼材，或稱 X50CrMoV15，為一般刀具常見的材質，添加鉻、鉬、釩，增加耐腐蝕磨損特性，硬度雖然較低，但相對而言較有彈性不易崩刃，物美價廉，適合公司用與入門初學者使用。日本的愛知製鋼 (Aichi Steel Group) 開發的 AUS 系列鋼，與 MV 鋼、SD 鋼含量元素數值相近，屬於高級的鉬釩合金鋼。

　　銀紙鋼是日本安來鋼系中的不鏽鋼材，在碳鋼中加入 13% 的鉻 (Cr) 增加防鏽及耐蝕性，但犧牲了一些硬度及持久度，但相對一般不鏽鋼容易磨出較好的鋒利度，因為較好保養，所以有許多專業廚師選用，尤其是中式片刀較為常見。

　　而主流鋼材在現代廚刀常見的，就是福井縣越前市的武生特殊鋼材株式會社 (TAKEFU SPECIAL STEEL) 所生產的「V 金」系鋼材，加工性優，韌性強、耐蝕性強，刀鋒容易保持銳利度且方便研磨，但泡水還是有生鏽的可能，使用後還是要擦乾，注意保養。

　　還有要介紹先進技術，武生製鋼生產的 SG2，原來是由神戶製鋼開發生產稱為 R2，是一種粉末冶金技術的特殊鋼，硬度可達 HRC60-64，非常適合用來製造菜刀，近年製鋼技術成熟，陸續研發出更多粉末冶金技術的特殊鋼，價格也較為親民，不是那麼高不可攀，不過還是屬於高端產品，有部份刀廠開始使用製作中式片刀。

　　以上鋼材介紹，參考即可，同樣的鋼材，不同的製刀過程，經過熱處理後再開刃，製程中會脫碳，成品的硬度不一定相同，但部份是因為鍛造師傅依照用途需求降低硬度來增加彈性與韌性，所以鋼材只能是選購時的一項參考。

左：九江刀，可以剁砍燒
　　臘
右：上海馬頭文武刀處理
　　雞魚海鮮，細骨頭均
　　可使用

台灣出品中式片刀，塑膠
柄

中式片刀，全鋼柄，一體
成型，台商中國製

左：日製中華片刀
中：日製中華片刀，鎚目，
　　VG10 鋼
右：台灣製中餐片刀，
　　VG10 鋼

## ▌▌▌尺寸合身

買刀時務必要親自拿起來握看看，最好是可以試切，製刀設計的刀身配重均不相同，廚刀是否好用，每個人的感覺都不一樣，尺寸要依照自己的使用習慣來選擇，以亞洲人來說中式片刀長度建議在 20 公分以內會較容易操作，西式主廚刀或牛刀也盡量在 24 公分以內，不過還是要考量使用人的身材來決定，在合身握感的部分，刀柄是重要關鍵，有幾種不同的材質與形式可供選擇，也有許多很好的造型設計，符合人體工學，可以依照自己的握感來決定，覺得好握的就適合自己，還有就是考量清潔與耐久，常見的刀柄材質有：

木質柄：最傳統的材質，樣式繁多，依照木質等級，價差很大，損壞可以更換，高級刀具均
　　　　使用木柄較多。

電木柄：酷似木頭的黑色樹脂合成，耐熱美觀，不易損壞。

塑膠柄：便宜好用，衛生但容易被火燒融變形，損毀無法修復。

金屬柄：一體成形，衛生好清洗，不易損壞，方便省事，但止滑效果不佳。


## ▌▌▌品牌樣式

台灣品牌製作中式刀具的鋼材大都仰賴進口，所以鋼質硬度也都近似，差別在於熱處理的過程及做工的細膩度，與刃口開鋒的研磨技巧，可以多方比較，有口碑的品牌會有相對的水準。當然還有就是消費者購刀時的預算，在台灣會用高檔刀具做料理的人，多半是個人自我要求極高或興趣收藏，國際常見的廚刀品牌，主要分為歐美與亞洲品牌，其中日本與德國因為民族特性，相較之下產品最為堅固耐用、用料講究，其中又以日系品牌最受國人喜愛，以片刀來說不論是中式片刀或西式牛刀，還有日式三德刀都有許多人使用日系品牌，頂級手工鍛造，但幾乎都會生鏽，適合每天使用的職業廚師。

德國品牌在台灣也有許多擁護者，製作工藝水平不凡、品質精緻，但需注意部分中低階刀具都由中國代工廠製造。除了品牌還有樣式的挑選，片刀的外型，中式大都呈現長方形，也有另一種刀頭尖、刀身窄、刀刃較為圓弧形的肉桂刀，是家庭主婦的最愛，西式大都是長尖形的片刀，分別有主廚刀與牛刀二種主流款式，而日式則是以三德刀款式最受歡迎，近年坊間常見大馬士革鋼刀，但與真正的大馬士革鋼相差甚遠，日系刀稱作層鍛或鍛地，大都只是利用溶液蝕製出各種不同的水波紋，大部分是商業噱頭，功能性不大。還有就是日系刀具俗稱的黑打，是指用會銹的高碳鋼僅打磨刀刃部分而刀身部分不處理，保留刀身鍛造淬火後的黑色氧化膜，可以自然防鏽，經過長期使用後會有種特殊的歲月感，許多中式刀具也會使用此工法。

但不論何種品牌都會有分級數，材質不同導致耐用度不同，所以價格也不同，但不一定貴的就是最好，只要掌握好以上三個面向，注意不要一昧追求好刀，要視能力能駕馭適合使用的，才會是最好，要懂得切割的原理，了解刀的材質，還要能善於運用砥石研磨刀具，保持刀刃平整銳利，刀的保養與研磨很重要，菜刀在每日使用結束後，都需要做保養，分別是清洗與研磨，先將刀面平貼在桌上，用沙拉脫清洗刀面，再清洗刀柄，放置通風良好處保存。

## 02 砧板

　　常見市售的砧板材質大致分為塑膠製與木頭製，兩者相較之下，塑膠製優點可以使用顏色識別管理，食材分開處理，避免食物交叉感染，價格比較便宜，重量比較輕薄，不易發霉，容易保養但缺點是有塑化劑的疑慮，使用時注意不要用刀刮砧板，避免塑膠微粒沾染在食物上，可以選購 NSF 認證產品，挑選砧板表面有防滑紋路處理的比較安全。而木製砧板價格略微偏高，需要注重保養，台灣常見的木砧板材質有烏心石、櫸木、柚木、銀杏木、檜木還有竹子製的砧板，各有優缺點，主要依照用途與使用方式選擇，要注意部份木製砧板是使用膠合的方式拼接，需要擔心膠水是否通過衛生認證，部份木製砧板為了美觀會使用化學藥劑漂洗，以求顏色均勻。挑選砧板要依照用途慎選砧板的種類，一般會參考硬度，常使用剁砍切割，如果使用較軟的砧板，消耗就會很快而且容易掉屑，但也不是硬就是好，市售最硬的就是玻璃與金屬砧板，價格適中，但在處理有汁液的食材，容易滑動，有安全疑慮，而且切割時使用硬度過高的砧板，刀子容易變鈍與傷刀，所以還是要以使用方式來做選擇。

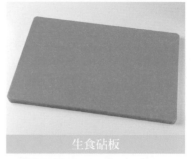
生食砧板

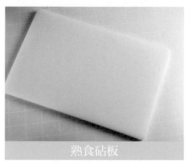
熟食砧板

　　塑膠材質砧板的保養方式，使用後不要使用熱水清洗，容易殘留食材味道在砧板上，應該使用過後以清潔劑洗滌乾淨後擦乾，放置陰涼通風處自然風乾即可，可以在每週使用消毒藥水浸泡消毒，防止發霉，但木製砧板不適合長時間浸泡在水裡，而且千萬別拿去太陽下直曬木製砧板曬太陽時因為外表乾燥速度跟內部乾燥速度不一，有可能導致砧板會裂開造成裂痕，只要一樣在使用過後以清潔劑洗滌乾淨後擦乾，放置陰涼通風處自然風乾即可，木製砧板還可以在每使用三個月後，將砧板表面風乾後塗上可食用級保養油保養。

## 03 磨刀器具

　　刀具使用後需要定期研磨，才能保持刀具的鋒利，磨刀有很多不同的工具，砥石（磨刀石）、磨刀棒、磨刀布、磨刀機，甚至有人使用瓷碗底劃兩下來磨刀，但是平時還是需要使用砥石研磨才能達至鋒利。一般磨刀時有三種砥石，依照係數（粒度）分別為，粗砥或稱作荒砥 #600 以下（用於刀刃受損時），中間砥 #800 ～ #2000（磨出刀刃鋒利度），仕上砥 #3000 以上（磨細刀刃，讓切割更加流暢）。

　　一般磨刀時使用中間砥研磨即可，磨刀的原理是利用砥石的粒子與刀具削磨下來的金屬粒子，混合而成的泥狀物來進行研磨，所以初學者最好挑選質地較軟的入門砥石練習，磨刀石並不存在實際的優劣，因為價位和耐磨性要依照你的刀具來決定，例如高硬度的粉末鋼刀用軟的磨刀石會消耗很快，最基本的利，是在肉眼能辨識的程度內，磨出刃面與刃面的交會點刃口，刃口的平整度則決定你的貫穿性，而刃口的角度決定切割時的銳利感，一般研磨中式片刀一邊的刃角約為 15 度，歐系廚刀刃角約為 20 度，絕對不可以將刃面貼在磨刀石上研磨，會讓刀尖強度喪失，會產生卷刃或崩毀的現象，絕不可取。

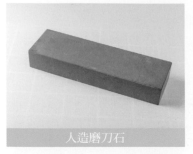

人造磨刀石

金屬磨刀石加防滑座

天然磨刀石

## 研磨菜刀

事前準備

要能夠保持上半身的平衡與穩定，一般來說大都是用站姿，先將砥石充分泡水，約10～20分鐘，使其飽含水分（現在有些砥石是不需泡水的，使用前須瞭解其特性）。

開始研磨

**①**

將菜刀放置於磨刀座上牢牢固定，與砥石呈60～70度斜角研磨，右手要緊握刀柄，左手按扶著刀子不可大力按壓。

**②**

輕柔地來回研磨，單方向使勁，通常是往前方向時才需出力。

**③**

手腕要保持平穩不能動，研磨時隨時保持有泥水的狀態，太乾就要加水，但不要把泥水都沖掉。

**④**

翻面，單方向使勁，研磨時不要太用力，太急躁，要心平氣和。

**⑤**

小心謹慎地慢慢磨，磨刀亦磨心。

**⑥**

最後要反覆左右交替研磨收口。

**⑦** **⑧**

順著刀刃方向用拖刀的方式，輕輕的收尾，研磨過後的砥石表面會變得不平整，這時候就需要做整平的動作，可以拿係數較低的砥石來與需要整平的砥石互相摩擦，將表面磨平，也可以用平整的花崗岩或是坊間也有販售專用的整平石或稱為水平君。

## 04 炒鍋

做中式料理的最適合的鍋具就是熟鐵鍋，優點是耐高溫、不挑鍋鏟，物理性不沾，使用時燒熱放油潤鍋後即可使用，缺點是容易生鏽，但就算生鏽了用菜瓜布刷掉依舊可以再用，還有就是料理酸性食材時會有鐵鏽味需注意小心，使用後熱的鐵鍋可以直接沖冷水，使用久了會產生焦垢，可以先將焦垢燒熱後直接沖水用力把焦垢刷洗掉，使用後要記得烘乾不留水氣就好，常用會越用越好用，長時間不用就塗上一層食用油防鏽。一樣的鐵鍋，但鑄鐵鍋特性不同，因為是用模具澆鑄所以較厚重，無法翻炒使用，也不易加熱，一樣有會生鏽的缺點，還有無法承受溫度的劇烈變化，嚴禁碰撞與熱鍋沖洗冷水會爆裂損壞，優點是加熱均勻，適合煎與長時間燉煮。

而一般家庭偏愛不沾鍋，一般是使用鋁鍋在外層塗上塗層，優點是很輕方便使用、不會生鏽、不沾黏，需注意不能空燒和高溫烹煮，剛開始很好用，但如果使用金屬刷和金屬鍋鏟，因為會讓塗層剝落，導致變成容易沾鍋，且塗層一般不能食用有致癌危機。還有就是價格不斐的不鏽鋼鍋，高密度的鋼材達到物理性不沾，所以價格低的效果則較差，優點是不挑鍋鏟、加熱均勻、安全衛生，缺點是太重以及不能空燒會變色。

## 05 剪刀

廚房最好的幫手，通常用來打開食材包裝，或是處理海鮮，挑選刀刃較為厚實有力為佳，最好還有多功能用途，例如可以打開瓶蓋或是刮魚鱗，部分刀刃會設計成鋸齒狀，可以提升止滑效果，利於切割，可拆解式的能方便清洗保持衛生，如果要剪切熟食，必須與生食剪刀分開使用，避免食物中毒，最終選購上還是以個人握感最為重要。

## 06 削皮刀

屬於經常性耗材，挑選注重材質，一般使用建議選擇日式，刀刃角度較小，削皮較薄不費力，外型可以依照個人使用習慣挑選。

04

05

06

## 07 | 量杯

標準量杯為一杯 240c.c.，一般分為 4 格，每格 60c.c.。

## 08 | 量匙

　　量匙一套 4 支，最大支的是 1 大匙 =15c.c.，第二支是 1 小匙 =5c.c.，接著是 1/2 小匙 =2.5c.c.，1/4 小匙 =1.25c.c. 最右邊是無印良品的 1 匙，也是 15c.c.，材質挑選以金屬製為佳，使用上需注意，測量時以平匙為準，不可突出平面，容量標準以液體可以轉換成公克數，但是油脂類與粉料則重量不同，須注意食譜上是以容量或重量為測量單位。

## 09 | 刮鱗刀

　　建議挑選厚實耐用、一體成形的，刀刃不宜過於尖銳，容易刮傷魚皮或自己，材質必須不會生鏽較為理想。

## 10 | 鋼盆

　　用來清洗食材或醃漬與攪拌，慎選 304 不鏽鋼較為適合，耐鏽抗腐蝕，304 歐美稱作 18-8，指的是含 18% 鉻 (Cr) 與 8% 鎳 (Ni)，堅固耐用無食品安全疑慮。

## 11 | 疏離

　　具有孔洞的盆子，也稱為漏盆。清洗食材時用來將水分瀝乾，也可以放置廚餘，可濾掉水分，有不鏽鋼或塑膠、竹子製成，依照用途挑選即可。

## 12 煎鏟

廚房必備工具，有分長短尺寸，專業廚房大都使用港式煎鏟，分為1號、2號、3號，三種尺寸，3號鏟面最大，適合大量的菜色烹調。

## 13 炒杓

也稱為馬杓，專業廚師習慣使用炒杓來炒菜，方便裝盛湯汁，常用的尺寸依照容量分為6兩、8兩、10兩，大都為木柄，防燙防滑，新式的有一體成形全鋼柄的樣式，較為衛生耐用，但容易滑手，可以依照個人喜好與使用習慣挑選。

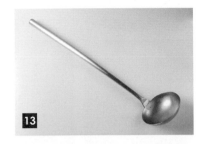

## 14 漏杓

具有孔洞的大湯杓，用來撈取浸泡在水或油鍋中的食材，是一種傳統烹調用具，古稱笊籬。用鉛絲與竹條編織而成，現今大都以不鏽鋼取代，樣式與尺寸繁多，依照用途挑選適合的材質與尺寸即可。

## 15 濾油網

大都用來撈取炸油中的雜質，網眼較為細小，也可以用來過濾湯汁的雜物。

## 16 蒸籠

專門使用於蒸的特殊烹調器具，通常有一底鍋，可以裝盛大量的水，燒煮水滾後讓蒸汽傳達至上方的中肚圈架，上面有蓋子，讓蒸汽在其中循環加熱食材，大都為圓形，中肚可以層層重疊，大都為不鏽鋼，也有竹製，樣式與尺寸繁多，依照用途挑選適合的材質與尺寸即可。

# 活用技法！
# 10 堂烹飪課讓家常菜美味升等

### Lesson1：炒的技法
用炒鍋加熱食物，常以油或水為媒介，但也有乾炒，一邊加熱一邊翻炒，是中餐最常見的烹調方式，講究鍋氣，也就是溫度，利用高溫用最短的時間讓調味料入味，保留食材原味與口感，鮮嫩多汁。

### Lesson2：燒的技法
以多量的水與調味料，將食物煮熟入味，並把湯汁燒煮至少量，注重香氣與火候，盡量小火才不會讓肉質變硬變柴，要注意調味，因為湯汁濃縮變少後味道會變重變鹹，而一開始調味不足會導致味道不夠，所以調味會是燒這個烹調法最難的一關。

### Lesson3：蒸的技法
將食材裝盛在容器裡，再放置在密閉的鍋具中，利用鍋具底部放水加熱後產生的水蒸氣，以水蒸氣使食材加熱至熟，蒸的料理方式適合新鮮食材，可以保持食材原貌，原汁原味，湯汁清澈，口感鮮嫩。

### Lesson4：煮的技法
將食物放入大量的滾水中，小火加熱煮熟，常常會因為想保持肉質的軟嫩，而關火浸泡，烹調肉類前為了要避免湯汁混濁，通常會經過汆燙去血水的動作，過程中要不斷將浮油泡沫撈除，而烹調時也要用小火，湯汁才會保持色澤清澈。

### Lesson5：炸的技法
使用食材份量二倍以上的沙拉油，加熱至攝氏 160 度以上，放入調味或醃過的食材，大都會在食材外部沾上地瓜粉、太白粉等乾粉或麵漿，透過油的高溫讓食材加熱然後至熟透，同時蒸發掉表面的水分使其變酥脆，直至外表呈現金黃色澤。

### Lesson6：拌的技法
拌是將經過加熱或消毒的生料或熟食，加上調味料拌勻，漬拌的菜色多為涼製涼吃，一般用鹽、糖、醋、醬油、香油等，拌菜的口味可以根據原料的性質，以及食用者的口味習慣等靈活調味。

**Lesson7：漬的技法**

早期的漬物是為了要延長食材的保存期限，食材透過醃漬，會呈現出不同風味的口感。製作時可以根據自己想要的口感，去調整調味料，像是醋、鹽巴、砂糖、辛香料等用量的多寡，以及入味的程度去調整醃漬的時間。

**Lesson8：溜的技法**

中餐常見的烹調法，將調味醬汁勾芡或煮至濃稠，再把經過炸、燒、煮…烹調加熱過後的全熟的食材放入鍋中，一起快速拌炒，或是直接將醬汁淋在食材上，保持菜餚鮮嫩多汁的口感，注重刀工擺盤的呈現。

**Lesson9：煎的技法**

以少量的油當媒介，將食材貼平在鍋面，經過小火將兩面煎熟，表面呈現香酥金黃色澤，在中餐以麵食點心較為常見，其他食材大都只是前置動作，還需經過燒煮調味，烹調原則就是食材需要將多餘水分吸乾，火候不能大火，會讓外觀與口感變差，還有避免沾鍋，必須先有潤鍋的動作，除非使用不沾鍋。

**Lesson10：燴的技法**

指使用二種以上食材一起入鍋燒煮，收汁入味後以勾芡完成菜餚，呈現料多湯少，通常為了避免食材煮爛碎裂，會先經過煎炸將食材定型，非常講究食材搭配與前置的處理手法。

**特別附錄：燻的技法**

燻主要是利用燻料受熱後產生的濃煙將預先經過滷、炸、燒、蒸等方法烹調過的食材上色或入味，燻料一般採用糖、茶葉、麵粉、米粒、甘蔗皮、木屑等，做燻菜的重點是掌握好火候，重了會發黑、味苦，燻輕了則顏色、風味不夠。

# 靈活調醬！
# 12 款中式料理必備調味料

### 01 醬油
基本上是由黃豆、小麥、蔗糖、鹽、水研製而成，適合滷煮、紅燒等等需要長時間的料理方式，購買時以天然釀造的為佳，以傳統方法釀造的豆味香濃，色澤沉厚紅潤。

### 02 蠔油
蠔油有些是將鮮蠔用鹽醃製，再加以發酵、釀製，有些則以小麥、糯米、黃豆、砂糖調製，價格上有會有所差異。主要用來做沾食的醬料，最適合沾蘸或烹調各類粉麵、豆腐等食物，滋味同樣出色又美味。在菜餚中使用，可以讓口感更有層次。

### 03 鎮江香醋
由米、鹽、糖、水所組成，酸度不高，色澤黃褐，有著柔和的酸氣，散發著淡淡的米香，略帶自然甜味的口感，用來涼拌佐餐是最好的選擇。但醋的品牌種類繁多，各家以不同方式加工所製造出來的醋，風味迥異，可比較後購買。

### 04 烏醋
由釀造醋、鹽、香菇、昆布所組成，香氣十足，幾乎沒有什麼酸味，是十分受到市場歡迎的醋類，不僅能增風味去腥羶，更是烹調時的最佳幫手。

### 05 紹興酒
主要原料是糯米和小麥，屬於釀造黃酒，酒精濃度大約在14～18度，呈現琥珀色澤。由於酒味香醇，有助於去腥、增香，且因耐高溫，適合用在紅燒肉品、燉滷時，加入紹興酒就能提升料理層次。淡淡的酒香不太嗆口，是製作醉雞時必備的調料。

### 06 米酒
以稻米為主要材料，酒精濃度有 20% 和 40% 兩種，煮海鮮或是肉料理時可以加入達到去腥效果，用於蔬菜類則可以讓顏色更加新鮮翠綠。且有滋補、增香的功用，冬季常吃的麻油雞、薑母鴨和羊肉爐都會添加適量米酒來增強香氣。

### 07 豆瓣醬

辣豆瓣的味道偏鹹,加上紅辣椒、鹽以及蠶豆瓣發酵製成,是魚香、麻辣、家常味型的主調味料,具有提味、增香的功效,因顏色鮮紅,熱炒爆香後讓菜餚油紅味香。豆瓣醬壓抑腥味的效果極佳,若碰到腥羶的食材,加入一些豆瓣醬,可有效抑制。

### 08 胡麻油

由芝麻、沙拉油所組成,讓人無法拒絕的濃郁香氣,經過炒烘再壓榨製作出來的麻油,可為任何小菜佳餚增添風味,即使是廚房初級生,只要稍加數滴,也能讓菜更可口怡人,讓人食慾大增。

### 09 白醋

由糯米及麥芽所組成,酸味十足、味道濃烈,連色澤也較為暗沉的陳年醋,只要點滴入口,馬上可以挑逗味蕾,酸到最高點。具有去澀提鮮的功效,讓菜餚展現出不同的美味。

### 10 香油

香油是由芝麻壓榨而成。製法上一般可分水洗煉製以及傳統冷壓製法2種。
風味清香,通常用在涼拌、煎炒,或是熱湯提味、拌餡等等,用來增香提味。

### 11 番茄醬

番茄醬是在番茄泥中加入砂糖、鹽、醋,和鮮美的調味料及胡椒等辛香料後,加以濃縮製成。由於帶有較重的甜味及酸味,不但可以增進食慾,加上番茄醬鮮亮的橘紅色,使菜餚的色澤更悅目。

### 12 胡椒粉

胡椒粒磨成的粉,具辛辣及香味,有黑、白之別。黑胡椒粉較辣,多用於肉類醃拌,白胡椒適用於清淡色淺的海鮮類食品或湯菜類。

專業大廚不藏私的

# 5大必學技法完整公開！

讓家常菜更好吃的烹調祕訣，吃過的都說讚！

## 炒的技法

*Lesson 1*

炒是最廣泛使用的一種烹調方法，讓食物呈現脆、嫩、滑的口感。

## 燒的技法

*Lesson 2*

食材經過煸炒，再以溫火燒至酥爛，呈現湯汁濃稠感。

蒸的技法

*Lesson 3*

煮的技法

*Lesson 4*

炸的技法

*Lesson 5*

以蒸氣做為加熱的烹調方式，一般較細緻的菜餚大多採蒸的方法來製作。

用溫火將食材煮至熟爛，湯汁多、口味清鮮是煮物的特色。

利用清炸、乾炸、軟炸或 酥炸的方式，讓口味更香、酥、脆、嫩。

# 01 京醬肉絲

是一道傳統的北京風味菜餚，醬香濃郁，
口味鹹甜適中。

| 份量 | 4 人份 |
| --- | --- |
| 火力 | 中火過油→大火炒 |
| 時間 | 25 分鐘 |

**材料**
豬里肌肉 250 克
蔥 50 克 ( 約 2 根 )
辣椒 10 克 ( 約 1 根 )
蒜頭 5 克 ( 約 2 顆 )

**調味料**

**A**
**醃料**
鹽 1/4 匙
糖 1/4 匙
醬油 1/2 匙
米酒 1/2 匙
水 1 大匙
太白粉 1 大匙
沙拉油 1 大匙

**B**
**京醬**
甜麵醬 2 大匙
醬油 1 大匙
米酒 1 大匙
香油 4 大匙
糖 1 大匙

## 備料步驟

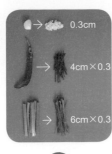

**1**
蒜頭去除頭尾、外膜、切末；辣椒洗淨，去除蒂頭、切絲；蔥切成絲狀，將蔥絲及辣椒絲放入生飲水中浸泡中備用。

**2**
里肌肉放入冷凍庫微凍後取出再切約0.3×4公分的細條狀，微凍過的里肌肉進行切絲，形狀上會比較工整。

**3**
將切好的肉絲放入碗中，再加入調味料的 A 醃料一起拌勻後進行醃製，時間約10～15分鐘。

**4**
將調味料 B 的京醬材料一一放入碗中，再調拌均勻後備用。

## 料理步驟

**1**
先起油鍋，在炒鍋中倒入2杯的油，以中火加熱，當油溫到達約130℃時，放入肉絲。

**2**
為避免肉黏成一團，所以過程中要用筷子把肉絲剝開拌散。

**3**
讓每一條肉絲都能均勻受熱，此時的油溫要保持在80℃，浸泡約1分鐘。

**4**
當肉色從粉紅色變成白色，即可撈起瀝油。

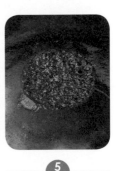

**5**
把鍋中的油倒出，留下2大匙的量，放入調好的京醬汁3大匙，以中火炒到可以聞到香味。

**6**
放入蒜頭及肉絲，一起拌炒均勻。

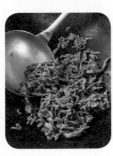

**7**
即可盛入盤中，周圍以辣椒絲及蔥絲裝飾即完成。

**TIPS 主廚不外傳的關鍵祕訣**

❶ 如果選購的肉絲是冷凍用機器切的，可能會有因紋路不對而影響到口感；或者是有筋膜殘留等問題，所以以建議購買整塊里肌肉，再自己手切，如此把長短寬厚控制得恰到好處，同時也能確實的把筋膜清除乾淨。此外，切下來的筋膜不要丟棄，高湯時可以使用。

❷ 鍋子裡因為本身有水氣，所以如果聽見油鍋中出現聲音，油溫大概就到達130℃，差不多到達可以下鍋的溫度。

❸ 在調製京醬時，必須把甜麵醬、醬油、糖、米酒、香油先放在容器裡調拌均勻後再下鍋，如果省略這個步驟直接下鍋，則容易焦掉且會拌得不均勻。

# 02 客家小炒

口味鹹鮮回甜，香氣四溢，是客家菜的著名美食

|  | | |
| --- | --- | --- |

份量 4 人份
火力 大火
時間 20 分鐘

**材料**

五花肉 100 克
乾魷魚 50 克
豆乾 60 克
芹菜 50 克
紅辣椒 10 克（1 支）
蔥 10 克（1 支）
蒜頭 5 克（2 顆）
開陽（蝦米）10 克

**調味料**

醬油 1 大匙
鹽 1/4 匙
糖 1 大匙
胡椒適量
烏醋 1/2 匙
米酒 1 大匙

—— TIPS 主廚不外傳的關鍵祕訣 ——

這道菜的由來相傳與客家人的勤儉持家有關，就是利用祭拜過神明祖先的祭品，將三牲中的豬肉料理成一道佳餚。選擇乾魷魚上的霜越白越甜。

**備料步驟**

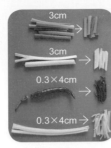

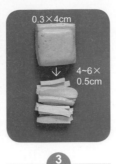

**①**
乾魷魚以 40℃ 的水，加入 1 匙份量外的鹽，浸泡約 1 小時。

**②**
食材均洗淨。蔥洗淨、切段；辣椒去籽、切絲；芹菜去除葉子，拍一拍讓香氣釋放出來後切段；蒜頭洗淨，去除頭尾切碎。

**③**
豆干與魷魚均切成寬約 0.5×4 ～ 6 公分的條狀。

**④**
五花肉以滾水燙熟後，撈出、切成 0.5×5 ～ 7 公分的條狀。

**⑤**
開陽泡發後撈出、瀝乾水分，以滾水汆燙後撈出，切成小段。

**料理步驟**

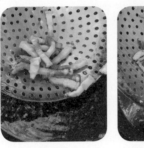

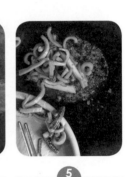

**①**
鍋中倒入 2 杯的沙拉油後開火加熱，等油溫到達約 160℃ 時，放入乾魷魚炸乾撈起。

**②**
繼續放入豬五花肉油炸，炸乾後撈起備用。

**③**
再放入豆干炸至金黃撈起備用。

**④**
鍋中放入 2 大匙的沙拉油，冷油時放入開陽、蒜頭，開火至香氣逸出，放入蔥白、醬油、米酒。

**⑤**
當鍋中香氣出來後，放入剛剛炸過的乾魷魚。

**⑥**
繼續放入豆干與豬五花肉條拌炒一下。

**⑦**
接著放入辣椒、芹菜炒至斷生（約八成熟）。

**⑧**
起鍋前加入烏醋拌炒，即可起鍋。

TIPS 主廚不外傳的
關鍵祕訣

❶ 切絲規格
長 4 ～ 6 公分，寬 0.2 ～ 0.4 公分

❷ 切條、柳規格
長 5 ～ 7 公分，寬 1.2 ～ 1.8 公分

# 03 薑絲大腸

咬勁十足的大腸，配上薑絲適度的酸，是客家菜代表菜色之一

|  | | |
|---|---|---|
| 份量 | 4 人份 |
| 火力 | 大火 |
| 時間 | 25 分鐘 |

**材料**

薑片 20 克
豬大腸 200 克
蔥段 5 克（1 支）
酸菜 50 克
太白粉水 1 大匙

**調味料**

豆醬 1 大匙
糖 1 大匙
胡椒 1/4 匙
白醋 1 大匙
米酒 1 大匙
清水 1 杯

**備料步驟**

①
薑洗淨、去皮,切成細絲;蔥洗淨後切成菱形斜段。

②
酸菜洗淨,剝幾片下來後,切成細絲,放入滾水中汆燙,撈出、瀝乾水分備用。

③
豬大腸翻面用份量外的鹽以及麵粉洗去裡面的黏膜,直到顆粒感消失。

⑤
再將豬大腸均切成小段。

**料理步驟**

①
鍋中倒入 1/3 的清水,放入豬大腸段,容器中並加入適量的水蓋過食材,以大火煮約 20 分鐘,取出。

②
鍋中倒入 1 小匙油,爆香薑絲、蔥白以及酸菜。

③
加入豆醬、米酒、水、鹽、糖、胡椒一起炒到有聞到香味。

④
倒入清水再加入大腸一起燜煮約 5 分鐘。

⑤
最後淋入太白粉與水以 1:1 攪拌均勻的太白粉水,加入白醋、香油即可熄火撈出盛盤。

# 04 蒼蠅頭

九月的韭菜花和絞肉搭上豆豉，
成為經典料理蒼蠅頭

🍽 份量 4 人份

🔥 火力 大火→中火→大火

🕐 時間 15 分鐘

**備料步驟**

**①** 食材洗淨。蒜頭去除外皮及頭尾，薑先切絲再切末，辣椒去除蒂頭，切薄圈狀。

**②** 韭菜先切除口感比較老的莖部，長度大約 5 公分。

**③** 然後均切成株粒，大約是 0.5 公分的長度。

**④** 豆豉放入碗中，淋入香油或是沙拉油，把味道封住備用。

## 材料
韭菜花 250 克
蒜頭 10 克
薑 10 克
絞肉 150 克
辣椒 10 克（1 支）
豆豉 10 克

## 調味料
醬油 1 大匙
鹽 1/4 匙
糖 1/2 匙
胡椒適量
米酒 1 大匙

**料理步驟**

**1**

鍋中放入適量的清水煮滾，放入韭菜花汆燙成翠綠色，撈出後瀝乾水分，讓口感保持清脆度。

**2**

將鍋子燒熱，放入 1 大匙的油，開中火，放入豬絞肉，利用拌炒去除豬肉的腥味，等待肉變色之後，撈出備用。

**3**

鍋中放入 1 大匙的油燒熱，放入蒜末、薑末、辣椒片爆香。

**4**

聞到香氣之後，即可將豬絞肉倒回鍋中一起拌炒。

**5**

依序加入醬油、鹽、糖、胡椒、米酒調味翻炒均勻。

**6**

加入汆燙後的韭菜花，再加入豆豉一起拌炒均勻，即可起鍋。

# 05 回鍋肉

四川傳統名菜，
把蒸好的白肉切片再回鍋拌炒，做出彈牙的口感！

| | | |
|---|---|---|
| 份量 | 4 人份 |
| 火力 | 中火 |
| 時間 | 20 分鐘 |

**材料**
五花肉 250 克
青椒 20 克
蒜頭 20 克
辣椒 20 克
蒜苗 20 克

**調味料**
辣豆瓣 1 大匙
甜麵醬 1 大匙
糖 1 大匙
醬油 1 大匙
米酒 1 大匙

—— TIPS 主廚不外傳的關鍵祕訣 ——

❶ 五花肉切片時不要切得過薄，避免烹調後的口感過硬，且一定要把表面的水分吸乾，以免入鍋後產生油爆。

❷ 即使是有經驗的人，想精準掌握油溫變化也是一大挑戰，所以對於初學者來說，最好能使用市售的油溫計。
直接用溫度計插入油鍋中，溫度可以立即顯現，有助於能炸出漂亮的炸物。

備料步驟

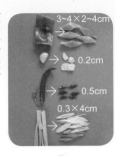
3~4×2~4cm
0.2cm
0.5cm
0.3×4cm

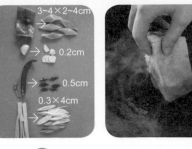

5×
0.2~0.4cm

**1**
食材洗淨，青椒去蒂及籽，切菱形片；蒜頭去頭尾切片；辣椒去蒂與蒜苗均切成斜段。

**2**
豬五花肉先刮毛以及去除軟骨，把整塊肉放入滾水中煮 30 分鐘，把肉撈出，放入青椒汆燙約 1 分鐘，撈出。

**3**
煮好的五花肉切成寬 5 公分厚約 0.2～0.4 公分的片狀。

料理步驟

**1**
鍋中倒入 2 杯的油以中火燒熱至 130℃，放入五花肉片油炸，至表面呈現金黃酥脆感，即可撈出，將油瀝乾備用。

**2**
將炸油倒出，留下 1 大匙的油，以中火加熱，放入蒜頭片、辣椒、蒜苗段，拌炒至香氣逸出。

**3**
先放入辣豆瓣炒 1～2 分鐘去豆酸味。

**4**
依序加入甜麵醬、糖、醬油、米酒一起拌炒均勻。

**5**
再倒入五花肉一起拌炒到入味，最後加入青椒一起炒勻即可撈出盛盤。

# 06 炒豬肝

這是一道在物資缺乏的年代
廚師想方設法把豬內臟
變化出來的經典菜色

**份量** 4 人份
**火力** 大火→中火
**時間** 15 分鐘

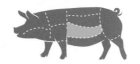

**材料**

豬肝 250 克
蔥 1 支
蒜頭 1 顆
辣椒半支

**調味料**

**A**

鹽 1/2 匙
糖 1/2 匙
米酒 1/2 匙
香油 1/2 匙
胡椒粉 1/8 匙
太白粉 1 大匙

**B**

醬油 1 大匙
糖 1 大匙
米酒 1 大匙

**備料步驟**

厚 2cm
2cm
4×0.3cm

**①**
食材洗淨。蔥切成斜段；蒜頭去頭尾、切片；辣椒去蒂、切菱形片。

**②**
豬肝包塑膠袋放冷凍結冰後，從冷凍庫取出，用濕毛巾包裹退冰 30 分鐘。

↓ 0.5cm

**③**
趁著還有些硬度時，切成厚度約 0.5 公分的薄片。

**4**

將豬肝片依序加入調味料 A 中的鹽、糖、米酒、香油、胡椒粉、
太白粉後攪拌均勻並醃製入味。

**料理步驟**

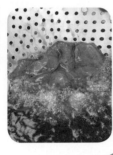

**1**

鍋中放入 2 杯油,燒至 180℃,放入醃至
入味的豬肝過油至熟,撈出,瀝乾油備用。

**2**

鍋中留下 1 大匙的
油,放入蔥白爆香。

**3**

依序加入調味料 B 中的醬油、糖、米酒後
攪拌均勻。

**3**

**4**

讓醬汁煮滾略微收汁後,先放入豬肝,再加入蔥綠、辣椒片一起
拌炒均勻即可撈出盛盤。

# 07 彩椒骰子牛

充滿著五彩繽紛的視覺以及鹹
香下飯的雙重享受

| 材料 | | 調味料 | A | B |
|---|---|---|---|---|
| | 青椒 50 克 | | **醃料** | 醬油 1 大匙 |
| | 紅椒 50 克 | | 糖 1/4 匙 | 鹽 1/6 匙 |
| | 黃椒 50 克 | | 太白粉 1/4 匙 | 蠔油、君度酒各 1 大匙 |
| | 洋蔥 50 克 | | 沙拉油 1 大匙 | |
| | 蒜頭 2 顆 | | 醬油 1/2 匙 | |
| | 去骨牛小排 200 克 | | 水 4 大匙 | |

**備料步驟**

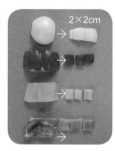

| 份量 | 4 人份 |
|---|---|
| 火力 | 中火 |
| 時間 | 15 分鐘 |

**①** 食材洗淨。青椒、紅椒、黃椒去蒂及籽，洋蔥切除頭尾，均切成長寬為 2 公分的寬片；蒜頭去除頭尾，切片。

**②** 去骨牛小排洗淨，切成長寬為 2 公分寬的正方形後，放入碗中。

③ 先加入調味料中的 Ⓐ 醃料的糖，醃製 15 分鐘讓肉質軟化，再依序加入醬油、太白粉以及沙拉油鎖住肉汁並攪拌拌勻。

④ 將調味料 Ⓑ 放入碗中，完全攪拌均勻後備用。

**料理步驟**

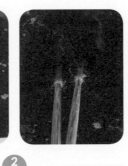

① 鍋中倒入 3 杯清水煮滾，放入青椒、紅椒、黃椒汆燙約 20 秒斷生，撈出後備用。

② 鍋中加入 2 杯的沙拉油，開中火加熱，讓油溫加熱至 140℃，可以使用測溫槍來測溫，如果沒有測溫槍，也可以直接將竹筷插入油中，觀察周圍的起泡程度。

③ 油溫到達 140℃ 時，放入去骨牛小排泡炸約 5～6 分鐘後撈出，並且把油倒出，鍋中留下 1 大匙的油。

④ 將洋蔥放入鍋中，以中火拌炒到半透明後，再加入蒜頭片再下調勻的調味料 Ⓑ，煮出香氣。

⑤ 倒入去骨牛小排，一起拌炒均勻，最後加入汆燙過的青椒、紅椒、黃椒，炒勻即可起鍋。

# 08
# 蔥爆牛肉

是經典的熱炒料理之一，黃瓜條的嚼勁佳，與宜蘭三星蔥是絕配！

- 🍽 **份量** 2 人份
- 🔥 **火力** 中火→大火
- ⏱ **時間** 15 分鐘

**材料**

牛肩胛里肌肉
（黃瓜條）200 克

蔥 80 克

薑 50 克

**調味料**

**A**

**醃料**

醬油 1/2 匙

糖 1 匙

太白粉 1 大匙

沙拉油 1 大匙

水 7 大匙

**B**

蠔油 1 大匙

糖 1/4 匙

胡椒適量

鹽少許

水 2 大匙

米酒 1 大匙

**備料步驟**

**1**

蔥洗淨，對切一半，將蔥白、蔥綠分開，均切成 5 公分的長段；薑洗淨、去皮、切片。

**2**

將牛肩胛里肌肉表層筋膜修掉，這個動作在冷凍狀態時比較好進行，或者可以直接買已經修整過的。

**3**

再均切成薄片狀。

**4**

放入碗中，放入調味料 A 中的糖抓醃大約 20 分鐘。

**5**

再依序加入太白粉、醬油、沙拉油以及水，一起攪拌均勻。

料理步驟

**1**

鍋中倒入 2 杯沙拉油燒熱至 160℃，放入牛肉泡熟至沒有血水後即可撈起，並把油瀝乾。

**2**

將油倒出，鍋中留下 1 大匙的油，開中火，放入蔥白、薑煸至香氣出來。

—— TIPS 主廚不外傳的關鍵祕訣 ——

當油溫到達 160℃時，牛肉放入可以看見周圍出現大顆泡泡，觀察到肉片沒有血水滲出，即可撈出來把油瀝乾。

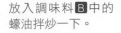

**3**

放入調味料 B 中的蠔油拌炒一下。

**4**

繼續放入調味料 B 中的鹽、糖、胡椒、水、米酒略微拌炒後再將牛肉加入拌炒均勻。

**5**

加入蔥綠段一起拌炒幾下即可起鍋盛盤。

# 09 安東子雞

利用中溫的熱水將雞腿肉泡熟，
口感軟嫩，味道酸甜鹹

| 份量 | 4 人份 |
|---|---|
| 火力 | 中火→小火→中火 |
| 時間 | 20 分鐘 |

**材料**

雞腿肉 220 克
辣椒 1 支
蔥 1 支
薑 50 克
花椒粒 2 克

**調味料**

**A**

米酒 1 大匙
水 1/4 杯
鹽 1/2 匙
糖 2 大匙
胡椒粉少許
醬油 1 大匙

**B**

鎮江白醋 2 大匙
太白粉水 1 大匙
（太白粉：水＝1：1）
香油 1/2 匙

—— TIPS 主廚不外傳的關鍵祕訣 ——

花椒所含的香氣因子多屬脂溶
性，所以用小火慢慢把香氣煉到
油中後撈除，用煉出來的油當成
香氣基底，是最好的方法。只要
掌握過程中避免溫度太高而燒
焦，全程以小火加熱，慢慢焗出
香氣後濾掉花椒粒即可。

**備料步驟**

**1**
食材先洗淨。辣椒去蒂及籽、切絲；蔥洗淨，切成長段，蔥白、蔥綠分開切絲；薑洗淨、去皮、切絲。

**2**
將雞腿肉較厚的部分片開後，放入滾水中關火，讓雞腿肉浸泡在滾水中約20分鐘至熟。

**3**
將雞腿肉撈出，放涼後先對切一半，再均切成約1公分寬度以及一根手指的長度，大約可切成8塊。

**料理步驟**

**1**
炒鍋中倒入1大匙的油，以中火燒熱，轉小火放入花椒粒，炒至香味出來後，將花椒粒撈除。

**2**
接著放入蔥白、薑絲、紅辣椒絲一起拌炒。

**3**
加入調味料A，攪拌均勻後，加入雞肉略煮一下。

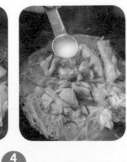

**4**
再加入調味料B的鎮江白醋繼續燒煮約20秒，即可淋入太白粉水勾芡。

**5**
最後加入蔥綠絲、淋上香油拌勻即可。

# 10 宮保雞丁

最具有代表性的川味名菜！鮮嫩的雞肉丁搭配
鹹辣酸甜味的醬汁構成獨具特色的名菜

| | 份量 | 2 人份 |
| --- | --- | --- |
| | 火力 | 中火 |
| | 時間 | 20 分鐘 |

**材料**

雞胸 200 克
蔥 1 支
蒜頭 1 顆
乾辣椒 10 克
花椒 2 克
蒜頭味花生 30 克

**調味料**

**A**

鹽 1/2 匙
糖 1/2 匙
米酒 1 大匙
香油 1 大匙
胡椒少許
太白粉 2 匙

**B**

醬油 1 大匙
糖 2 大匙

**C**

鹽 1/4 匙
米酒 1 大匙
白醋 2 大匙
胡椒少許
水 2 大匙
辣油 1 大匙
花椒油 1/4 匙
烏醋 1/4 匙

**D**

太白粉 1/4 匙
水 1/2 匙

**備料步驟**

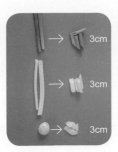   

**①** 蔥洗淨、對切一半,蔥白與蔥綠切成 3 公分小段;乾辣椒切除蒂頭,對切一半。

**②** 雞胸肉洗淨,切成丁狀,放入碗中,加入調味料 A 醃漬約 10 分鐘。

**料理步驟**

**①** 鍋中倒入 2 杯油燒至 120 度,當把手放在油面上方不會感到有熱度,鍋中不會冒油泡,也不會出現聲音時,即可將雞丁倒入。

**②** 將雞略微攪拌開來,中火過油至 9 分熟,即可撈出並將油瀝乾。

**③** 鍋中留下 1 大匙的油,轉小火下花椒,炒到起泡後撈除,放入蔥段、蒜頭片、乾辣椒一起炒到香氣逸出。

**④** 依序加入調味 B 中的醬油、糖一起拌炒,直到糖融化。

**④** 放入雞丁略炒,繼續加入調味料 C 中的鹽、米酒、白醋、胡椒、水一起燒煮入味。

**⑤** 加入調勻的調味料 D 勾薄芡,再放入蔥綠段,以及剩下的調味料辣油、花椒油、烏醋,最後加入蒜頭味花生拌勻即可。

**材料**

去骨雞腿肉 220 克
青花菜 100 克
辣椒 2 支
蔥白 5 克
蒜頭 1 粒

**調味料**

## A

鹽 1/2 匙
糖 1/2 匙
米酒 1 大匙
香油 1/2 匙
胡椒少許
太白粉 1 大匙
吉士粉 2 大匙

## B

番茄醬 0.5 小匙
糖 1 大匙
醬油 1.5 匙
白醋 0.5 匙

## C

烏醋 1/2 匙

── TIPS 主廚不外傳的關鍵祕訣 ──

❶ 吉士粉一般又稱雞蛋粉,主要成分有奶粉、蛋黃粉以及香草粉,加入雞塊一起醃製後進行油炸,可以讓炸物帶有一點奶香和果香味,更能讓外皮呈現漂亮金黃。

❷ 番茄醬一定要炒至變色,去除多餘的果酸味,再加入其他的調味料一起拌炒,才能做出香氣滿分的左宗棠雞。

# 11 左宗棠雞

完全被醬汁裹覆的外皮香辣酥脆,內裡鮮嫩多汁,是一道經典的中菜料理

| 份量 | 4 人份 |
| 火力 | 中火 |
| 時間 | 25 分鐘 |

|備料步驟|

**①** 材料洗淨。青花菜洗淨，切成小朵；蒜頭去除頭尾，切末；蔥白切段，辣椒切除蒂頭及籽，切成條狀。

**②** 雞腿肉先直切成二半，再橫切成寬 1.5 公分，長 4 公分的條塊，大約可以切成 12 片，放入碗中，加入調味料 Ⓐ，抓醃均勻，靜置約 10 分鐘至入味。

|料理步驟|

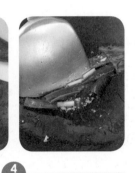

**①** 青花菜放入滾水中汆燙至熟後撈出，瀝乾水分備用。

**②** 鍋中放入 2 杯油，加熱至 160℃，將醃至入味的雞肉塊確實一塊一塊的放入，才能避免沾黏。

**③** 所有的雞塊炸至外表呈現金黃酥脆時，即可撈出並且瀝乾油分。

**④** 將鍋中的油倒出，留下 1 大匙的油，燒熱後爆香蔥白段、蒜頭末，加入辣椒段，一起炒至香味逸出。

**⑤** 加入調味料 Ⓑ 中的番茄醬與糖炒到變紅後，再加入醬油、白醋等調味料一起拌炒均勻。

**⑥** 加入雞塊一起拌炒至完全裹上醬料，即可放入調味料 Ⓒ 拌炒均勻後即可盛盤。

# 12 生菜蝦鬆

有著新鮮蝦肉的鮮美，芹菜的香氣以及荸薺的
爽脆用美生菜包覆著一起吃，色、香、味俱全

| | |
|---|---|
| 份量 | 4 人份 |
| 火力 | 大火→中火 |
| 時間 | 15 分鐘 |

**材料**

中芹 10 克
紅蘿蔔 15 克
蒜頭 1 粒
荸薺 20 克
乾香菇半朵
美生菜 2 片
草蝦 8 隻
油條 20 克

**調味料**

**A**

鹽 1/4 匙
糖 1/4 匙
胡椒少許
太白粉 1/2 匙
油 1 大匙

**B**

鹽 1/4 匙
米酒 1/2 匙

—— TIPS 主廚不外傳的關鍵祕訣 ——

蝦肉在醃製時加入 1 大匙的油拌
開，可避免入鍋時沾黏。

## 備料步驟

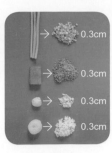
→ 0.3cm
→ 0.3cm
→ 0.3cm
→ 0.3cm

0.3cm

0.3cm

0.5cm

**1**　食材洗淨。中芹去除葉子，紅蘿蔔去皮，蒜頭去除頭尾，荸薺去除外皮，均切成約0.3公分的末狀。

**2**　乾香菇洗淨後，泡水至膨脹，取出，去除水分，切成細末。

**3**　美生菜泡水一片片撥開，修剪成直徑約13公分圓形片狀，浸泡冰水變脆後瀝乾。

**4**　草蝦洗淨，去除腸泥及蝦殼，切成小粒。

**5**　油條切成小丁狀備用。

## 料理步驟

**1**　將蝦丁放入碗中，加入調味料中的Ａ一起拌勻，醃製約10分鐘，讓味道入味，再加入1大匙沙拉油拌開。

**2**　將鍋子燒熱，倒入1杯油，等油溫升至120℃，放入蝦仁粒後全部劃開。

**3**　大約浸泡20秒後，開大火並加入紅蘿蔔末。

**3**　約10秒後撈起。

**4**　油鍋繼續開大火，將油溫升至160度，放入油條，油炸約20秒即可撈起，瀝油後盛盤。

**5**　將鍋子燒熱，倒入1匙油，放入乾香菇煸香，再放入蒜頭末爆香，依序加入荸薺、中芹略炒，加入調味料Ｂ拌炒均勻。

**6**　再加入蝦仁粒和紅蘿蔔末炒勻，即可盛出入盤放在油條上做成蝦鬆，蝦鬆食用時，可搭配美生菜包覆食用。

# 13 腰果蝦仁

**材料**

冷凍生白蝦 ( 型號：51 / 60)1 盒 320 克

熟腰果 30 克

蔥半支

蒜頭 1 粒

薑 5 克

紅蘿蔔 50 克

生香菇 2 朵

**調味料**

## A

蛋白 5 克

鹽 1/4 匙

太白粉 1/2 匙

## B

米酒 1 大匙

水 2 大匙

鹽 1/4 匙

糖 1/8 匙

## C

太白粉 1/8 匙

水 1/4 匙

## D

香油 1/4 匙

—— TIPS 主廚不外傳的關鍵祕訣 ——

剔除腸泥的蝦仁要把多餘水分擦乾，以免進行醃製時，不易入味。

**備料步驟**

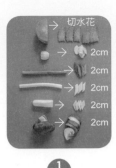

→ 切水花
→ 2cm
→ 2cm
→ 2cm
→ 2cm
→ 2cm

**①**

食材洗淨。紅蘿蔔切水花可參考水花示範任選，蒜頭去頭尾切片，蔥綠、蔥白切成2公分斜段，薑去皮切成菱形片，香菇切片。

**②**

冷凍的生白蝦泡冰水退冰，先將頭部扭開，拉出腸泥，握住身體1/3處，即可將2/3處的蝦殼往尾部拉除，接著即可順利把剩下1/3處的蝦殼剝除。

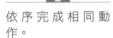

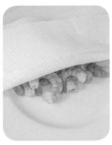

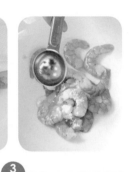

**②**

依序完成相同動作。

**③**

將剝除蝦殼的蝦子表面水分吸乾，放入碗中，加入調味料A抓醃至產生黏性。

**料理步驟**

**①**

紅蘿蔔水花與香菇片汆燙至熟。

**②**

鍋中倒入2杯油，當油溫升至120℃，放入蝦仁浸泡約1分鐘，開大火。

**③**

油冒泡即可撈起。

**④**

將油倒出，留下1大匙的油，爆香薑、蔥、蒜頭，倒入調味料B與紅蘿蔔水花、香菇片一起拌炒一下。

**⑤**

放入蝦仁拌炒均勻，再加入已經調勻的調味料C勾芡。最後加入腰果，撒上調味料D拌勻即可撈出盛盤。

# 14 龍井蝦仁

龍井茶茶葉一起下鍋與蝦仁拌炒
讓整體風味有著淡雅香氣

| 📯 | 份量 | 4 人份 |
|---|---|---|
| 🔥 | 火力 | 大火→中火 |
| 🕐 | 時間 | 15 分鐘 |

**材料**
活白蝦 240 克
龍井綠茶茶葉 5 克
薑 3 克

**調味料**

**A**
蛋白 5 克
鹽 1/4 匙
太白粉 1/2 匙

**B**
紹興酒 1 大匙
糖少許
鎮江香醋 1/2 匙

| 料理步驟 |

**備料步驟**

**1**
薑洗淨切菱形片。

**2**
龍井茶葉泡冷開水，20 分鐘後瀝乾備用。

**3**
新鮮白蝦剝殼去腸泥，浸泡冰水 10 分鐘以提升蝦仁入口時的風味，將水分擦乾後放入調味料 A 抓醃至產生黏性。

**1**
鍋中倒入 2 杯油，當油溫升至 120℃，放入蝦仁浸泡約 1 分鐘，開大火，油冒泡即可撈起，瀝油。

**2**
將油倒出，留下 1 大匙的油，接著爆香薑片。

**3**
放入蝦仁拌炒一下。

**4**
依序加入調味料 B 的紹興酒、糖、鎮江香醋。

**5**
最後加入茶葉拌炒均勻即可。

# 15 乾煸四季豆

將四季豆炸至表面出現皺紋，
加入絞肉與調料炒至收汁就是一道家常美味

| 🍽️ 份量 | 4 人份 |
| --- | --- |
| 🔥 火力 | 大火→中火 |
| 🕐 時間 | 15 分鐘 |

**材料**

四季豆 200 克
豬絞肉 30 克
開陽 5 克
冬菜 5 克
蒜頭 1 粒
蔥 1 支
薑 10 克

**調味料**

**A**

鹽 1/2 匙
糖 1/4 匙
米酒 1 大匙
水 1 大匙
胡椒粉少許

**B**

白醋 1 大匙

—— TIPS 主廚不外傳的關鍵祕訣 ——

炸油溫度大約在 160℃ ～ 180℃
之間。

**備料步驟**

  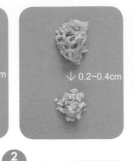 

→ 0.2~0.4cm
→ 0.2~0.4cm
→ 0.2~0.4cm
↓ 0.2~0.4cm
↓ 0.2~0.4cm
↓ 切一半

**1**　薑、蔥、蒜頭洗淨，均切成末。

**2**　開陽洗淨，泡水後與洗淨的冬菜均切成末備用。

**3**　四季豆洗淨，剝去頭尾與側筋，切成二段。

**料理步驟**

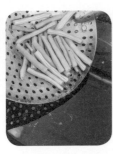    

**1**　鍋中倒入 2 杯油，當油溫升至 180℃ 的熱油時，放入四季豆，以大火炸乾即可撈起備用。

**2**　將油倒出，留下 1 大匙的油，放入絞肉炒出香氣。

**3**　加入薑、蒜頭、冬菜、開洋末、蔥末炒出香氣後，加入四季豆翻炒。

**4**　依序加入調味料 A 中的鹽、糖、米酒、水及胡椒粉，再燜炒收汁。

**5**　最後將白醋由鍋邊熗入即可撈出盛盤。

# 16 金沙南瓜

有著南瓜綿密香甜，有著鹹蛋黃的濃郁蛋香
鹹甜滋味非常下飯

份量 4 人份
火力 小火→中火→大火
時間 15 分鐘

**材料**
東昇南瓜 150 克
鹹蛋黃 3 顆
蔥 5 克
蒜頭 5 克
辣椒 5 克
酥炸粉 2 又 1/4 杯
水 1 又 1/4 杯

**調味料**
A
鹽 1/6 匙
糖 1/4 匙

備料步驟

**1** 食材洗淨。蒜頭去除頭尾，辣椒去蒂，與蔥均切成末。

**2** 南瓜去皮，切成寬1公分、厚1公分、長4～6cm的條狀。

**3** 鹹蛋黃放入蒸籠蒸7分鐘，取出後剁碎備用。

**4** 將酥炸粉倒入盆中，放入水一起調勻成麵糊，調好後需放置10分鐘。

**5** 將南瓜放入麵糊裡，攪拌均勻後備用。

料理步驟

**1** 鍋中倒入2杯沙拉油，加熱至160℃，將裹上麵糊的南瓜條一一放入，以小火炸約1分鐘，再開中火炸5分鐘，最後轉大火炸至熟即可撈出。

─── TIPS 主廚不外傳的關鍵祕訣 ───

❶ 拌炒鹹蛋黃時一定要全程使用小火，且要不停的翻炒，以免因為火太大或者翻炒的不夠勤快而而燒焦，起泡後加入食材才會順利包裹上。

❷ 南瓜條要放入油炸時一定要一條一條放入，就能避免沾黏。

**2**

將鍋中的油倒出，留下 1 匙的油，放入鹹蛋黃，以小火或者熄火利用鍋中餘溫把蛋黃炒至起泡。

**3**

放入蒜頭末、辣椒末、蔥末後，依序加入調味料 Ａ 的糖以及鹽，拌炒均勻成金沙。

**4**

加入已經瀝乾油的南瓜條，一起翻炒均勻，讓每條南瓜都能均勻裹覆上金沙。

**5**

最後即可盛盤端出。

| | 份量 | 4 人份 |
|---|---|---|
| | 火力 | 小火→中火 |
| | 時間 | 10 分鐘 |

# 17
# 蝦醬空心菜

加入蝦醬、開陽、薑末與蒜頭充滿
著濃郁迷人的香氣
對於喜歡濃厚味道的人來說，是最
好的下飯料理

**材料**

空心菜 300 克

辣椒 5 克

薑 8 克

蒜頭 5 克

開陽（蝦米）2 克

**調味料**

A

蝦醬 1 大匙

鹽 1/8 匙

糖 1/4 匙

米酒 1 大匙

水 0.5 杯

## 備料步驟

**1**
空心菜洗淨，切除根部，均切成 6 公分長段。

**2**
食材洗淨。辣椒去蒂及籽，切成菱形片；薑去皮，蒜頭去除頭尾，均切末。

**3**
開陽洗淨、泡開，瀝乾水分後切成末備用。

## 料理步驟

**1**
鍋中放入 1 大匙 的油燒熱，以小火爆香開陽末、薑末、蒜頭末，再加入辣椒片。

**2**
依序加入調味料 A 炒散後放入空心菜炒熟即可撈出盛盤。

# 18 腐乳高麗菜

加入原味豆腐乳，鹹香甘美的口感
讓高麗菜充滿著濃醇的豆香，美味加倍

| | |
|---|---|
| 份量 | 4 人份 |
| 火力 | 中火 |
| 時間 | 15 分鐘 |

**材料**

高麗菜 300 克
薑 5 克
蒜頭 1 顆
紅蘿蔔 15 克
乾香菇 2 朵

**調味料**

A

白豆腐乳 2 塊
水 1/4 杯
米酒 1 大匙
水 1/2 杯
糖 1 大匙

**備料步驟**

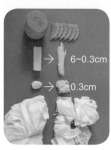

**1**

食材洗淨。紅蘿蔔水花片 6 片；薑去皮，切成 0.3 公分╳6 公分的細絲；蒜頭去頭尾，切末；高麗菜去除硬梗，切成大片狀。

**2**

乾香菇泡水至軟，撈出，瀝乾水分，一朵切成 4 小塊；白豆腐乳取出，瀝乾備用。

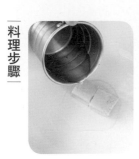

**①**

將調味料中 Ⓐ 裡的白豆腐乳放入碗中,加入 1/4 杯的水,以及其他調味料一起拌勻成腐乳醬。

**②**

鍋中倒入半鍋水煮滾,先放入高麗菜。

**③**

再放入、香菇、紅蘿蔔片汆燙至斷生,撈出。

**④**

鍋中放入 1 大匙的油開中火燒熱,放入薑絲、蒜末爆香,香味逸出後,倒入調勻的腐乳醬煮滾。

TIPS 主廚不外傳的關鍵祕訣

高麗菜事先用滾水汆燙過,可以縮短炒煮的時間,入口時會更爽脆,不會太過軟爛。

**⑤**

最後放入燙熟的高麗菜、香菇、紅蘿蔔片一起炒熟至入味,即可撈出盛盤。

# 19 番茄炒蛋

這是一道很適合初學者當成入門款的家
常國民美食

**材料**
雞蛋 3 個
番茄 1 個
蔥 1 支
薑 5 克

份量 4 人份
火力 中火
時間 10 分鐘

**調味料** A
鹽 1/2 匙
糖 1/4 匙
米酒 1 大匙
水 1/2 杯

## 備料步驟

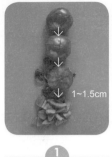

1. 番茄洗淨，去蒂頭，在底部劃十字，放入滾水中汆燙，撈出，剝除外皮，切成丁。

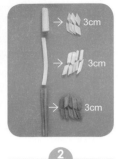

2. 蔥洗淨，將蔥白與蔥綠分別切成 3 公分的斜段；薑洗淨、去皮，切成菱形片備用。

## 料理步驟

1. 將雞蛋打入碗中，第二個要先打在其他的碗中，先檢查有無異狀，再倒入第一個蛋中，重複此動作，將三個蛋打散後備用。

2. 鍋中倒入 1/4 杯的油燒熱至 160℃～180℃，倒入已經攪拌均勻的蛋液，炒散後撈起。

3. 利用鍋中剩餘的油爆香蔥白段、薑片。

4. 香味逸出後，即可放入番茄丁炒香。

5. 放入調味料 A 煮滾後，蓋上鍋蓋燜煮大約 1 分鐘。

6. 打開鍋蓋，觀察湯汁變濃稠後，即可放入蔥綠段以及蛋一起拌炒均勻即可撈出盛盤。

### TIPS 主廚不外傳的關鍵祕訣

這裡將蔥白及蔥綠分開下鍋，是讓蔥白能帶出香氣，蔥綠最後加入才能保持翠綠，讓整道菜看起來更漂亮，感覺會更好吃。

# 20 三鮮炒麵

使用海鮮的天然鮮味讓麵條吸附湯汁
入味卻不爛的口感，讓人吮指再三

| 份量 | 2 人份 |
| 火力 | 中火 |
| 時間 | 15 分鐘 |

**材料**

紅蘿蔔 10 克
洋蔥 40 克
乾香菇 20 克
高麗菜 50 克
透抽 1/3 隻（約 50 克）
蛤蜊 50 克（約 6 顆）
白蝦 50 克（5 隻）
油麵 225 克
蔥 20 克（1 支）

**調味料**

**A**

鹽少許
太白粉少許

**B**

醬油 1 大匙
鹽 1/2 匙
糖 1/4 匙
胡椒適量
米酒 1 大匙
清水 3/4 杯
烏醋 1 大匙

**備料步驟**

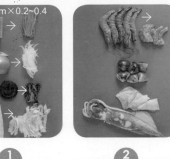

4~6cm×0.2~0.4

**1**
食材洗淨。紅蘿蔔去皮、洋蔥去除頭尾及外皮、乾香菇泡水至軟，撈出、瀝乾水分，均切細絲；高麗菜切粗條。

**2**
白蝦洗淨、剝殼後去除腸泥、在背部劃一刀；透抽去除外膜後切花刀。

**3**
蛤蜊放入蒸籠中蒸熟，取出，倒出的湯汁留著備用。

**4**
透抽與蝦仁放入碗中，依序加入調味料 Ａ 醃製約 2～3 分鐘。

**料理步驟**

**1**
燒一鍋熱水煮滾，水滾後加入 1 小匙的鹽，放入透抽、蝦仁後熄火。

**2**
浸泡約 3 分鐘至熟，待其變色、捲曲，即可撈出，瀝乾水分備用。

**3**
鍋中加入 1 大匙沙拉油燒熱，先放入香菇爆香。

**4**
再倒入洋蔥絲、紅蘿蔔絲炒軟後，加入高麗菜絲。

**5**
充分炒勻後，加入調味料 Ｂ 中的醬油、胡椒、糖、米酒攪拌一下。

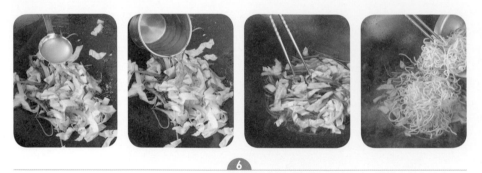

6

再加入蛤蠣水、清水充分炒勻後，再加入油麵一起拌炒均勻。

7

蓋上鍋蓋，燜煮約 30 秒，開蓋後拌炒一下，再加入蛤蠣、白蝦、透抽、蔥段。

8

拌炒均勻後，再加入烏醋，一起炒勻後即可撈出盛盤。

# 21 金瓜米粉

略帶鹹蛋黃香氣及南瓜綿密的口感
讓人忍不住一口接一口

份量　2 人份
火力　中火
時間　20 分鐘

**材料**

洋蔥 15 克

南瓜 25 克

高麗菜 30 克

紅蘿蔔 15 克

乾香菇 20 克

蝦米 2 克

豬里肌肉絲 50 克

米粉 1 球（約 187.5
克）

**調味料**

## A

鹽少許

糖少許

## B

醬油 1 大匙

糖 1 大匙

沙拉油 1 大匙

鹽 1/2 匙

香油 1 大匙

胡椒適量

米酒 1 大匙

水 3/4 杯

南瓜泥 50 克

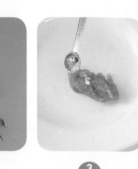

**1** 食材洗淨。洋蔥去除頭尾及外皮、紅蘿蔔去皮、均切細絲；南瓜去除頭尾及外皮切片；高麗菜切粗條。

**2** 乾香菇泡水至軟，撈出、瀝乾水分，切細絲。

**3** 豬里肌肉加入調味料Ａ醃製 10 分鐘。

**2** 南瓜蒸 15 分鐘，取出壓碎後備用。

**1** 鍋中加入 1/2 鍋水，水滾後加入米粉用筷子剝散，燙至軟化，撈出。

**2** 放入深盤中，蓋上蓋子約 10 分鐘，再用剪刀剪成適合入口的長段。

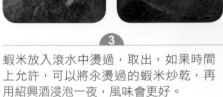

**3** 蝦米放入滾水中燙過，取出，如果時間上允許，可以將汆燙過的蝦米炒乾，再用紹興酒浸泡一夜，風味會更好。

**4** 鍋中倒入一大匙油，放入蝦米爆香，再倒入香菇絲、洋蔥絲炒至半透明。

5

依序加入調味料 **B** 的所有材料，最後加入南瓜泥。

6

攪拌均勻，再次煮滾後，即可依序加入南瓜絲、肉絲、紅蘿蔔、高麗菜。

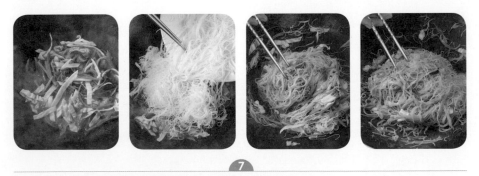

7

一起拌炒均勻，最後加入米粉與所有材料拌勻後即可起鍋。

# 22 櫻花蝦炒飯

東港最有名的就是櫻花蝦，炒出粒粒分
明的飯吃起來最美味，

| 份量 | 4 人份 |
| 火力 | 大火→中火 |
| 時間 | 30 分鐘 |

**材料**

蔥 20 克（約 1 支）
美生菜 80 克
米 2 杯
櫻花蝦 15 克
蛋 2 顆

**調味料**

A

鹽 1/2 匙
糖 1/4 匙
胡椒粉少許
美極少許

**備料步驟**

**1**

**2**

食材洗淨，蔥切成末，美生菜切成粗絲備用。

米洗淨，以米：水＝ 1：0.8 比例，滴入 1 滴油，浸泡 1 小時，再放入蒸籠蒸約 30 分鐘，取出備用。

**料理步驟**

**1**

**2**

**3**

鍋中加入 2 杯的沙拉油，在冷油時將櫻花蝦放入。

到油加熱到 120℃ 撈出，或把油加熱到 120℃ 後放入櫻花蝦，開大火加熱炸至酥脆撈出。

鍋中留下 1 大匙的沙拉油繼續燒熱，將蛋攪拌均勻後，倒入鍋中炒散。

**3** **4**

加入蒸好的飯一起翻炒，直到與蛋充分拌炒均勻。

**5**

依序加入調味料 Ａ 的鹽、糖、胡椒粉、美極調味，再拌炒均勻。

**6** **7**

放入美生菜、蔥花，一起拌炒均勻。 再倒入一半的櫻花蝦略拌，即可起鍋裝盤，最後再撒上剩餘的櫻花蝦即可。

# 23 雪菜肉絲年糕

帶有鹹味的雪菜與滋味平淡的年糕形成完美互補
鍾情於清爽口感的人可以跟做看看

 份量　4 人份

火力　中火

時間　25 分鐘

材料
雪菜 100 克
豬里肌 50 克
年糕 200 克
蔥段 5 克
薑片 5 克
水 1.5 杯

調味料

A
糖 1/4 匙
鹽 1/4 匙
米酒 1/2 匙

B
糖 1/4 匙
鹽 1/8 匙
香油 1 大匙

**①** 把雪菜洗淨後切成末，蔥洗淨以後，切成斜長段；薑片洗淨、去皮、切成菱形片。

**②** 把豬里肌切成長條狀，加入調味料Ａ糖、鹽、米酒攪拌均勻，醃製大約 10 分鐘左右。

**①** 煮一鍋開水，水滾之後把雪菜放進去汆燙，撈出、瀝乾水分備用。

**②** 鍋中放入兩杯油，把醃製好的肉絲放進去過油，等到肉絲變色後撈出，並且把油瀝乾備用。

**③** 把鍋裡面的油倒出，留下 1 大匙的油，放入薑片、蔥段一起爆香後加入水以及年糕一起煮，大概 10 分鐘直到年糕軟嫩。

**④** 把雪菜加入鍋中，一起拌炒後加入肉絲攪拌均勻。

**⑤** 最後加入調味料Ｂ裡的糖、鹽、香油一起攪拌均勻，就可以撈出盛盤。

# 24 干炒牛河

事先過油的牛肉保留了軟嫩口感
搭配重口味的調料，讓整道菜更有有滋有味

| 份量 | 4 人份 |
|---|---|
| 火力 | 中火 |
| 時間 | 15 分鐘 |

**材料**

河粉 160 克
牛肉 110 克
洋蔥 50 克
蒜頭 1 顆
蔥半支
韭黃 20 克
銀芽 20 克

**調味料**

**A**

鹽 1/4 匙
糖 1/4 匙
米酒 1/2 匙
香油 1/4 匙
胡椒少許
太白粉 1 大匙
（太白粉：水＝1：1）

**B**

醬油 1 大匙
蠔油 1 大匙
老抽 1 大匙

**備料步驟**

**1**

洋蔥洗淨，去除頭尾及外皮，切成絲；韭黃洗淨，切成約 4～6 公分的長段。

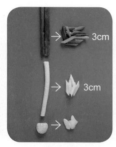

**2**

蔥洗淨，切成約 3 公分的斜長段。蒜頭洗淨，去除外膜及頭尾，切成片狀；銀芽洗淨。

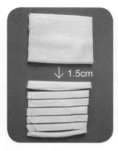

**3**

河粉切成約 1.5 公分寬的條狀。

**4**

把牛肉切成約 0.5 公分的薄片。

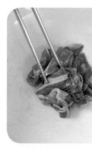

**5**

牛肉切片加入調味料 A 攪拌均勻，醃製約 10 分鐘。

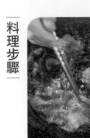    

**①** 鍋中倒入 1 杯油，燒至 120℃，將牛肉片放入過油，肉色變了即可撈出，撈起備用。

**②** 把鍋中的油倒出留下 1 大匙，放入洋蔥、蔥段、蒜片、韭黃、銀芽一起炒出香氣即可撈出。

**③** 鍋中放入 1 大匙的油，把河粉放到鍋裡面煎香，放入調味料 **B** 的醬油、蠔油、老抽，一起拌炒均勻。

**④** 最後放入炒過的配料以及牛肉一起拌炒均勻即可。

# 01 無錫排骨

汁濃味鮮，肉鬆骨酥，香味濃郁異常入味，
是無錫三大名產之一

| 份量 | 4 人份 |
| 火力 | 中火→小火 |
| 時間 | 70 分鐘 |

**材料**

豬腩排 600 克
辣椒 1 支
蔥 2 支
薑片 15 克
八角 0.5 克
月桂葉 1 片
陳皮 1 克
桂皮 1 克
甘草 2 克
花椒 1 克

**調味料**

**A**

番茄醬 1 大匙
糖 1 大匙
醬油 2 大匙

**B**

米酒 1 大匙
水 3 杯
胡椒少許

**備料步驟**

**1**

豬腩排洗淨，剁塊。
辣椒洗淨、切除蒂
頭，蔥洗淨、對切
一半。

**①** 鍋中倒入 2 杯油燒熱至 180℃，放入腩排，炸至定型，即可撈出瀝油，炸好重量會縮小約 1/3。

**②** 將油倒出，留下 1 大匙的油，爆香蔥段、薑片、辣椒，放入調味料 A 炒至香味逸出。

**③** 放入事先炸好的腩排，一起拌炒均勻。

**④** 加入調味料 B 以及中藥材煮滾轉小火燒約 10 分鐘，濾掉中藥材。

**⑤** 轉成小火，繼續燒約 40 分鐘，將辛香料撈除，改大火燒至縮汁即可撈出盛盤。

── TIPS 主廚不外傳的關鍵祕訣 ──

❶ 無錫排骨是無錫地方著名的菜餚，又稱「醬排骨」，利用油縮的工法，不能勾芡，加入少許的番茄醬來增色，避免使用過多的蒜頭，因為所含的硫化物會讓排骨肉都變成綠色。

❷ 也可以事先把八角、月桂葉、陳皮、桂皮、甘草、花椒裝入中藥袋中，撈除時可以更方便迅速。

# 02 麻油松阪肉

來自於豬頰連接下巴的松阪豬，也是所謂的豬頸肉，一頭豬的頸部只能取出二塊，是整頭豬最珍貴的地方，也稱作黃金六兩肉

**材料**
松阪豬 250 克
杏鮑菇 50 克
薑 30 克
枸杞 1 克

**調味料**

A
米酒 2 大匙
黑麻油 1 大匙

B
黑麻油 2 大匙
米酒 1 大匙
鹽 1/2 匙
糖 1 小匙

🍽 份量 4 人份

🔥 火力 小火→中火

🕐 時間 25 分鐘

備料步驟

**①**
松阪豬逆紋切成長4～6公分寬3公分，厚約0.3～0.5公分的片狀。

**②**
杏鮑菇洗淨，切成長4～6公分寬0.2公分的片狀；老薑洗淨、帶皮切片，剩餘不規則的薑片則剁碎乾炒一下撈出備用。

**③**
松阪豬加入炒過的薑末和調味料A中的米酒、黑麻油一起拌勻，醃製約10分鐘。

**④**
枸杞事先放入碗中泡水約10分鐘，撈出、瀝乾水分備用。

料理步驟

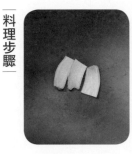

**①**
鍋中放入老薑，加入1大匙的沙拉油，將老薑外表煎炒至金黃微皺。

**②**
加入調味料B中的黑麻油，下杏鮑菇，把杏鮑菇煎至金黃上色。

**③**
加入松阪豬炒至9分熟，加入調味料B中的米酒，蓋鍋蓋約20秒後開蓋拌炒。

**④**
接著放入調味料B的鹽、糖，炒香放入枸杞拌炒均勻即可撈出盛盤。

# 03 東坡肉

火候足時他自美！加酒小火慢燉
色澤最是紅潤、味道最是醇厚

| | | |
|---|---|---|
| 份量 | 4 人份 | |
| 火力 | 中火→小火→大火 | |
| 時間 | 8 小時 | |

**材料**
五花肉 500 克
鹹草繩或棉繩 1 根
桂皮 1 克
八角 0.5 克
蔥 1 支
薑 20 克

**調味料**

A
冰糖 1 大匙

B
紹興酒 2 杯
水 6 杯
醬油 2 大匙
老抽 2 大匙
胡椒少許

C
紹興酒 1 大匙

①

五花肉放入蒸籠，以中火蒸約 1 小時至完全熟透，取出，上方重壓緊實至完全冷卻，鹹草繩泡熱水泡軟取出備用。

②

將四邊及底部的肉一一修齊，修成整齊的 10×10 公分正方形。

③

因為選用的五花肉是一層肥肉及一層瘦肉的分層，所以要用草繩把肉綁緊，這樣經過燉煮時，比較不會鬆散。

①

把鍋子加熱，倒入 1 大匙的油燒熱，放入蔥段、薑片，用小火煸出香味，加入調味料 A 冰糖炒至融化成褐色。

—— TIPS 主廚不外傳的關鍵祕訣 ——

❶ 比起棉繩，鹹草繩可讓肉質更軟嫩，吃起來別有一番風味。

❷ 炒冰糖時要避免一直翻炒，否則不會變焦糖色。

依序倒入調味料B的紹興酒、水、醬油、老抽煮滾。

將煮滾的醬汁倒入深鍋中,並將綁好鹹草繩的五花肉,皮朝下放入,加入桂皮、八角,注意醬汁的水必須蓋過肉,煮滾後,將火力改成小火,蓋上鍋蓋,繼續燒煮大約 1 小時。

打開鍋蓋,翻面,再小火加蓋燒煮 1 小時,將鍋蓋打開,拿筷子試一下軟硬度,可以順利刺穿即可關火燜 5 小時,直到湯汁完全冷卻。

把肉撈出,裝入碗盅。

加入過濾過的湯汁,再加調味料C。

上方蓋上鋁箔紙,再放入蒸籠中,以大火蒸 10 分鐘,即可端出。

—— TIPS 主廚不外傳的關鍵祕訣 ——

❶ 在熬煮排骨的過程中不要蓋鍋蓋,讓酒精能蒸發,如果水位降太多,可以酌加一些水。

❷ 要保持湯的清澈,排骨在入鍋烹煮之前一定要經過汆燙的步驟。汆燙的作用在於去除排骨的血水、澀味以及排骨所帶的油腥味。另外,由於小排骨是帶骨入鍋烹煮,骨中的血髓會因為烹煮而流出,因此一定要撈去烹煮所產生的浮泡,如此才能夠去除血水、腥味還能使湯頭保持清澈不混濁。

# 04 藥燉排骨

| 材料 | |
|---|---|
| 豬肋排骨 | 500 克 |
| 薑片 | 10 克 |
| 當歸 | 5 克 |
| 汆芎 | 5 克 |
| 熟地 | 10 克 |
| 白芍 | 15 克 |
| 桂枝 | 1 克 |
| 人蔘鬚 | 5 克 |
| 紅棗 | 20 克 |
| 黃耆 | 5 克 |
| 枸杞 | 5 克 |

| 調味料 | |
|---|---|
| **A** | 米酒 3 大匙 |
| | 水 10 杯 |
| **B** | 鹽 1.5 大匙 |
| | 糖 2 大匙 |

🍽 **份量** 4 人份
🔥 **火力** 中火→小火
🕐 **時間** 60 分鐘

**備料步驟**

①
備好中藥材,將枸杞之外的所有藥材裝入中藥袋中。

**料理步驟**

7×3~4cm

①
豬肋排骨剁成長 7 公分 × 寬 3～4 公分,加入少許的鹽抓一抓泡至血水出來,放入熱水中汆燙,撈出、洗淨後備用。

②
將排骨放入鍋中,加入中藥包、調味料 **A** 煮滾,再轉小火繼續燉煮約 40 分鐘。

③
起鍋前放入枸杞,再用小火煮 5 分鐘,起鍋前加入調味料 **B** 拌勻即完成。

# 05 豬腳麵線

這是一道會讓人聯想去霉運的菜餚，
豬腳使用前腳較不油膩

| | | |
|---|---|---|
| 份量 | 4 人份 |
| 火力 | 中火→小火 |
| 時間 | 130 分鐘 |

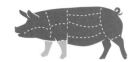

**材料**

豬腳圈 300 克
麵線 150 克
香菜 1 支
蔥 2 支
薑片 10 克
辣椒 2 支
蒜頭 3 個
八角 5 克
月桂葉 2 片
花椒 5 克
桂皮 5 克
草果 1 顆

**調味料**

醬油膏 1 匙
糖 1 大匙
醬油 8 大匙
米酒 3 大匙
辣豆瓣 1 大匙
鹽 1/2 匙
香油適量
水 2000c.c.

**備料步驟**

①
準備好八角、月桂葉、花椒、桂皮、草果並將其一一裝入中藥袋中。

②
香菜洗淨，將葉片摘下備用，蔥、紅辣椒均洗淨備用。

── TIPS 主廚不外傳的關鍵祕訣 ──

❶ 為什麼要加糖色？加了糖色的食物，比起只有加醬油，多了一份紅亮的好吃感，所以，舉凡爛肉、滷肉、東坡肉、無錫排骨或紅燒蹄膀，都會加入糖色來增加漂亮色澤。

❷ 這裡所使用的是二砂，但其實砂糖或是冰糖都可以，炒糖色火不要大大，以免糖還沒有融化就先焦掉，炒出來的糖色會又黑又苦。

**料理步驟**

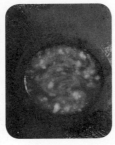

①
鍋中放入豬腳及一半的蔥、薑一起煮滾，汆燙約 20 ～ 30 分鐘，過程中如果表面有出現雜質要撈掉，撈出豬腳後以清水洗去雜質。

②
將糖放入鍋中，再加入等量的熱水，一起炒至呈現黃褐色即為糖色，備用。

③
鍋中倒入 2 杯油，冷油時放入剩下的蔥、薑片、辣椒，以及蒜頭，一起炸至金黃，撈出。

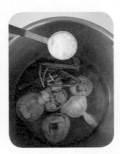

④
鍋中放入豬腳、中藥包，以及炸至金黃的辛香料，再依序加入糖色、醬油膏、糖、醬油等調味料，以中火煮 10 分鐘後開小火煮 1.5 小時直到軟爛即可起鍋。

⑤
麵線放入滾水中汆燙，用筷子攪拌避免黏在一起，燙約 30 秒後，撈出，泡冰水撈起，排入盤中再放入滷好的豬腳即可。

# 06 五香牛腱

一道非常經典的滷製前菜，
同時也很考驗火候

| | | |
|---|---|---|
| 份量 | 4 人份 | |
| 火力 | 中火→小火 | |
| 時間 | 120 分鐘 | |

**材料**

美國牛腱心（約 2 顆）
高麗菜 100 公克
草果 1 顆
八角 2 顆
桂皮 5 克
月桂葉 1 片
蔥 20 克（1 支）
薑 30 克
辣椒 1 克（1/4 根）
蒜頭 10 克（約 4 顆）
蔥末 10 克
水 6 杯

**調味料**

A

糖 1 大匙

B

辣豆瓣 1 大匙
米酒 3 大匙
醬油 4 大匙
糖 3 大匙
蠔油 2 大匙
香油 1 大匙

**|備料步驟|**

**1**

草果拍一下後，與八角、桂皮、月桂葉一起裝入中藥袋中。

**2**

高麗菜洗淨、切成長 0.4 ～ 0.6 公分，寬 0.2 公分的絲狀，排入盤中備用。

**|料理步驟|**

**1**

牛腱表面的筋膜稍微修一下，放入清水汆燙約 30 分鐘，撈出、瀝乾水分。

**2**

將調味料 A 放入鍋中，再加入等量的熱水，一起炒至呈現黃褐色備用。

**3**

鍋中倒入 2 杯油，冷油時放入剩下的蔥、及薑片、辣椒，以及蒜頭，一起炸至金黃後撈出。

**4**

將油倒出，留下 2 匙，放入辣豆瓣炒香，放入調味料 B 煮滾後，加入蔥、薑、辣椒、蒜頭，煮至香味逸出備用。

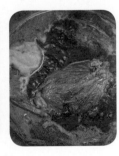

**5**

取一個深鍋，放入滷汁、辛香料及中藥包，水滾之後放入牛腱小火滷 1.5 小時，留下 1 杯滷汁加入香油進行油縮。

**6**

將牛腱撈出、放冷切成約 0.2 ～ 0.4 公分的薄片，排入盤中，再淋上滷汁撒上蔥花即可。

# 07 紅燒牛腩

屬於牛肋骨間油花多的條狀肉，
紅燒後油花會和肉質有入口
即化的多汁美味

| | | |
|---|---|---|
| 份量 | 4 人份 |
| 火力 | 中火 |
| 時間 | 100 分鐘 |

**材料**

牛肋條 300 克
紅蘿蔔 60 克
白蘿蔔 60 克
番茄 30 克（1 顆）
蔥 1 支
香菜 20 克
薑 30 克
甘草 2 片
月桂葉 1 片

**調味料**

**A**

沙拉油 1 大匙
米酒 1 匙

**B**

柱候醬 1 大匙
蠔油 1 大匙

**C**

糖 1 大匙
熱水 1 大匙

**D**

醬油 1 大匙
鹽 1/2 匙
沙拉油 1 大匙
水 6 杯

**備料步驟**

**1**

將月桂葉、甘草
一一裝入中藥袋
中。

**2**

番茄洗淨，汆燙去皮、去籽，切成小丁來代替番茄醬；紅蘿蔔、白蘿蔔去皮、切滾刀；薑去皮、蔥白洗淨、切菱形；香菜洗淨、切株。

**1**

牛肋條放入鍋中汆燙，並加入 1 匙的白醋達到去腥軟化肉質的功效，過程中的表層雜質要撈掉，汆燙完後再用清水洗過。

**2**

將調味料C放入鍋中，再加入等量的熱水，一起炒至呈現黃褐色，加入番茄丁一起拌炒均勻，撈出備用。

**3**

鍋中放入調味料B柱候醬、蠔油一起拌炒至香味逸出。

**4**

放入牛肋條一起拌炒均勻。

**5**

舀入深鍋中，加入薑、蔥及調味料D，避免肉柴掉所以要以小火滷煮約 1.5 小時。

**5**

滷至 1 小時轉大火並加入紅、白蘿蔔，過程中要把表層的浮末撈掉。

**6**

熄火前倒入份量外的太白粉水（太白粉：水＝1:1）1 大匙勾芡，再下倒入 1 匙的香油拌勻，即可撈出盛盤。

# 08 花雕雞

花雕雞獨特的美味，溫潤甜香，
清爽的味道讓人忍不住多吃一碗飯！

| | |
|---|---|
| 份量 | 4 人份 |
| 火力 | 中火→小火 |
| 時間 | 30 分鐘 |

**材料**

仿土雞腿 400 克
老薑 50 克
蔥 5 克
辣椒 5 克
高麗菜 200 克

**調味料**

### A

糖 1/8 匙
醬油 1/4 匙
米酒 1/4 匙

### B

麻油 2 大匙
醬油 1/2 匙
蠔油 1 大匙
糖 1/2 匙
胡椒粉 1/8 匙
水 2.5 杯
花雕酒 2 大匙

### C

花雕酒 1 大匙

—— TIPS 主廚不外傳的關鍵祕訣 ——

油炸雞塊時，以 180℃的高油溫
進行油炸，可以幫助其快速定
型，且能維持肉的柔嫩口感；但
油溫也不能過高，以免焦掉。

**備料步驟**

**1**

食材洗淨,蔥切成 4 公分斜段;辣椒去蒂及籽,切成 3 公分斜片,薑去皮、切片。

**2**

高麗菜洗淨、切成大塊狀。

**3**

仿土雞腿洗淨後,切成大塊,依序放入調味料 A 中的糖、醬油、米酒醃 10 分鐘。

**料理步驟**

**1**

鍋中放入 2 杯油加熱至 180℃,將雞腿塊放入炸至定型後撈出、瀝油。這裡的油溫不能過低,以免拉長油炸時間口感變得油膩。

**2**

鍋中倒入調味料 B 的麻油,以小火煸乾薑片。

**3**

放入雞肉塊,再依序加入剩餘的調味料 B,以中火燒約 5 分鐘。

**3**

**4**

放入高麗菜,繼續燒煮約 10 分鐘。

**5**

起鍋前放入調味料 C、蔥段及辣椒一起拌勻即可撈出盛盤。

# 09 芋香滑雞煲

雞肉的口感 Q 彈、滿滿香汁的芋頭鬆軟香甜
奶香味十足

| 份量 | 2 人份 |
| 火力 | 中火 |
| 時間 | 30 分鐘 |

**材料**

仿土雞腿 300 克
蔥白 1 支
薑 1 塊
蒜頭 2 顆
乾香菇 2 朵
去皮芋頭 100 克

**調味料**

A

醬油 1/4 匙
米酒 1/2 匙
糖 1/2 匙

B

米酒 1 大匙
水 1 杯
糖 1/2 匙
鹽 1/4 匙
牛奶 1/2 杯
椰奶 1/2 杯

**備料步驟**

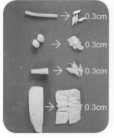    

① 食材洗淨。蔥白切成 3 公分斜段；蒜頭切片；薑切片；芋頭切成長 3 公分 × 寬 0.4 公分的片狀。乾香菇洗淨、泡軟，切成 1/4 塊備用。

② 仿土雞腿洗淨後，切成大塊。

③ 依序放入調味料 A 中的醬油、米酒。

**料理步驟**

  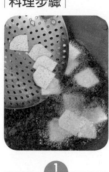  

③ 再加入糖，一起抓醃靜置 10 分鐘。

① 鍋中放入 2 杯油加熱至 120℃，放入芋頭片炸至金黃，撈出。

② 將鍋中的油加熱至 160℃，放入雞腿塊炸至定型後撈出、瀝油。這裡的油溫不能過低，以免拉長油炸時間，讓整體口感顯得油膩。

③ 鍋中留下 1 匙的油燒熱，爆香蔥白、蒜頭片、薑片、香菇片，加入調味料 B 中的米酒、糖、水、鹽拌勻。

④ 加入雞腿塊、芋頭後，燒至入味。

⑤ 再加入牛奶、椰奶煮約 10 分鐘至完全入味即可起鍋。

# 10 三杯雞

三杯雞濃郁的九層塔香，
無敵下飯！

| | |
|---|---|
| 份量 | 4 人份 |
| 火力 | 小火→大火 |
| 時間 | 30 分鐘 |

**材料**
仿土雞腿 1 支（約
600 克）
辣椒 2 根
老薑 100 克
蒜頭 5 個
九層塔 20 克

**調味料**

A
黑麻油 2 大匙

B
醬油 1 大匙
油膏 1 大匙
蠔油 1 大匙
糖 2 大匙
哈哈辣豆瓣 1 大匙
米酒 2 大匙
老抽 1 大匙

C
水 1.5 杯

備料步驟

**1**

食材洗淨。蒜頭去蒂頭；九層塔摘除老梗；紅辣椒去蒂、切菱形片；薑切片狀。

2cm

4×0.2~0.4cm

**2**

仿土雞腿洗淨後，剁成大塊。

**1**

鍋中倒入 2 杯油，放入薑片以小火慢慢炸至金黃，撈起備用。

**2**

油溫繼續加熱，觀察油鍋周圍產生許多泡泡，到達 200℃ 時，放入仿土雞腿塊，炸至上色，撈出後把油分瀝乾。

**2**

**3**

鍋子倒入黑麻油 2 大匙，以小火煸乾老薑及蒜頭。

**4**

再加入雞腿塊一起拌炒，再加入調味料 B 炒勻後加水煮滾，轉小火燒煮約 20 分鐘。

**4**

讓醬汁略收。

**5**

放入辣椒，大火縮汁後放入燒熱的砂鍋，加九層塔加蓋即可。

# 11 栗子燒雞

用鮮甜的栗子入菜，讓簡單的紅燒雞吃起來，特別酥軟香甜

| | | |
|---|---|---|
| 份量 | 4 人份 |
| 火力 | 中火→小火→大火 |
| 時間 | 25 分鐘 |

**材料**

去骨雞腿肉 220 克
蔥 1 支
薑 2.5 克
罐頭栗子 10 顆

**調味料**

**A**

糖 1 大匙
醬油 2 大匙

**B**

水 1 杯
米酒 1 大匙
胡椒粉少許

**C**

太白粉 1/4 匙
水 1 大匙

**D**

香油 1 匙

—— TIPS 主廚不外傳的關鍵祕訣 ——
罐頭栗子也可以使用新鮮栗子，
只要事先蒸熟即可。

100

**備料步驟**

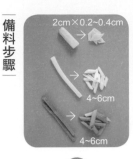

2cm×0.2~0.4cm

4~6cm

4~6cm

切成 8 塊

**1**

食材洗淨。薑切成菱形片；蔥切成約 4 公分的長段。

**2**

去骨雞腿肉洗淨後，剁成 8 大塊；將罐頭栗子打開，栗子取出、瀝乾水分。

**料理步驟**

**1**

鍋中倒入 2 杯油燒熱，油溫達 200℃，放入仿土雞腿塊，炸至上色，撈出後把油分瀝乾。

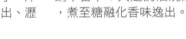

**2**

繼續放入栗子，炸至上色，撈出、瀝乾油分。

**3**

鍋中留下 1 大匙的油燒熱，放入薑、蔥白爆香，放入調味料 A，煮至糖融化香味逸出。

**4**

加入調味料 B 煮滾。

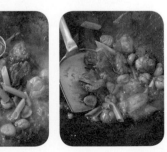

**4**

放入雞腿塊、栗子，改小火燒煮大約 10 分鐘。

**5**

改大火縮汁，將調味料 C 拌勻後倒入，放入蔥綠段、香油，一起拌炒均勻即可撈出盛盤。

# 12 麻油雞

麻油的濃郁香氣，帶著撫慰人心的幸福感，成為心中一道暖流！

 **份量** 2 人份

**火力** 小火→大火→小火

**時間** 30 分鐘

**材料**
仿土雞腿 1 支（約 600 克）
老薑 100 克
黑麻油 1/2 杯

**調味料** A
米酒 1 杯
水 1.5 杯

## 備料步驟

切成 10 塊

↓ 0.5cm 厚

① 仿土雞腿洗淨後，剁成大塊。

② 老薑洗淨、切片狀。

—— TIPS 主廚不外傳的關鍵祕訣 ——

麻油雞因為有米酒，所以再加鹽會產生苦味，所以如果是煮全酒，可以加入醬油膏，不是全酒的話，可以加一點鹽提味無妨。

## 料理步驟

① 鍋中倒入 1/2 杯的黑麻油、老薑片，以小火慢慢煸至金黃，撈起備用。

② 放入雞腿塊，以大火炒香，加入調味料 A 中的米酒、水一起煮滾。

③ 改小火燒繼續煮約 20 分鐘，加入醬油膏可以讓口感上更為回甘即可熄火盛盤。

# 13 芋頭鴨

吃起來綿密的芋頭與鴨肉一起慢燜入味，
香氣十足且口感濃郁

份量 4 人份
火力 大火
時間 50 分鐘

**材料**

芋頭 150 克
鴨 300 克（約半隻）
豬油 1 大匙
薑片 20 克
蒜頭 2 顆
紅蔥頭 20 克
蔥 1 支
香菜 10 克

**調味料**

**A**

醬油 1 大匙
米酒 1 大匙

**B**

胡椒少許
米酒 2 大匙
鹽 3/4 匙
水 3 杯
糖 1 大匙

**備料步驟**

**①** 紅蔥頭、蒜頭分別去外膜、切成圓片；芋頭去除外皮，切成長、寬、厚為 6 × 2.5 × 1 公分的片狀，洗淨後擦乾備用。

**②** 鴨洗淨、剁塊，放入盤中，加入調味料 A 醃製。

**料理步驟**

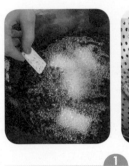   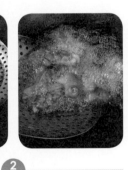 

**①** 鍋中倒入 2 杯油燒熱，油溫達 160℃，放入芋頭將外表炸硬跟上色金黃，避免在燒煮過程中碎散，撈起；紅蔥頭也油炸至酥脆後撈出。

**②** 放入鴨肉，以 180℃ 大火炸 30 秒，關火，泡 1 分鐘後撈出，把油分瀝乾。

**③** 鍋中放入豬油燒融。

**③** 再放入蒜片、薑片焗至上色，放入調味料 B。

**④** 再分別加入鴨肉、紅蔥頭酥，燉煮約 40 分鐘。

**⑤** 最後加入芋頭片以大火燉煮約 3 分鐘，撈出、撒上洗淨的香菜即可。

# 14 蒜燒黃魚

黃魚鮮嫩且細緻的口感，加上綿密的蒜頭，湯汁拌飯最是對味

| | | |
|---|---|---|
| 份量 | 4 人份 | |
| 火力 | 中火→小火→大火 | |
| 時間 | 25 分鐘 | |

**材料**

黃魚 600 克
蒜頭 10 個
薑 5 克
蔥 1 支

**調味料**

A

番茄醬 1 大匙
醬油 2 大匙
糖 1 大匙

B

米酒 1 大匙
水 2 杯
胡椒少許
鎮江醋 1 大匙

C

香油 1 大匙

❶ 食材洗淨。蒜頭去頭尾及外皮;薑切片;蔥切成段。

❷ 黃魚殺清洗淨,在身上劃三刀。

❶ 鍋中放入 1 杯油,油溫達 160℃,將黃魚平行放入,以半煎炸的方式讓魚上色後撈出。

❷ 鍋中留下 1 大匙的油燒熱,一起放入薑片及大蒜爆香。

❸ 加入蔥白及調味料 A 炒至糖融化。

❸ 加入調味料 B。

❹ 放入黃魚,以小火燒約 5 分鐘後翻面,再燒煮 5 分鐘至入味,燒好後魚先撈起盛盤。

❺ 再加入調味料 C,以大火收汁,也就是油縮的方式進行來代替勾芡,讓菜色的表面更為光亮。

❻ 最後下蔥綠拌勻淋在魚上即可。

# 15 蔥燴烏參

零膽固醇的烏參，具養顏美容的功效，
搭配炸過的蔥，香氣十足

| 份量 | 4 人份 |
| 火力 | 中火→大火→小火 |
| 時間 | 15 分鐘 |

**材料**
烏參 300 克
蔥 4 支

**調味料**

A
蠔油 2 大匙
糖 1 大匙
醬油 1 大匙

B
水 1 杯
胡椒 1/4 匙
米酒 1 大匙

**| 備料步驟 |**

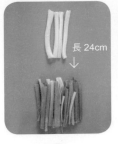

① 蔥洗淨後瀝乾水分，均切成 24 公分長段。

② 烏參切條後，洗淨內臟、瀝乾水分備用。

**| 料理步驟 |**

① 鍋中放入 2 杯的油，先放入蔥白油炸至金黃色，以中火加熱至 120℃。

② 再放入蔥綠油炸至變色，即可一起撈出。

③ 將油倒出，鍋中留下 1 大匙的量，放入調味料 Ａ，炒至糖融化。

④ 再放入對切一半的烏參。

④ 加入調味料 Ｂ 及蔥段。

⑤ 以大火煮滾，改成小火燒 8 分鐘，再轉成大火收汁即可盛盤。

―― TIPS 主廚不外傳的關鍵祕訣 ――

如果購買的烏參是乾貨，想要在家自己發烏參，可以參考以下的方法。〈需三天〉

❶ 取一個乾淨無油的盆子，放入烏參與冷開水浸泡一晚，需放冰箱冷藏。

❷ 取出後，將外皮刷洗乾淨。

❸ 放入鍋中，加入清水蓋過烏參，以小火煮至水滾，加蓋燜至水涼。

❹ 步驟 ❸ 重複 5 次，直到烏參變軟。

❺ 剖開肚子，將內臟及沙腸洗淨。

❻ 加入蔥段、薑片再煮 2 次，直到脹發到 5 倍大，過程中不能有任何油脂。

# 16 乾燒大蝦

加入適量的酒釀，
可以讓蝦子整體甜味更為明顯

份量　4 人份

火力　中火

時間　20 分鐘

**材料**

活草蝦 8 隻
蔥半支
薑 2 片
蒜頭 2 顆
辣椒 1 支

**調味料**

**A**

哈哈辣豆瓣 1 大匙
番茄醬 1 大匙
醬油 1 大匙
糖 2 小匙

**B**

米酒 1 大匙
醋 1 大匙
水 1 杯
鹽 1/4 匙
酒釀 1 大匙

**C**

**勾芡水**

太白粉 1/2 匙
水 1 大匙

—— TIPS 主廚不外傳的關鍵祕訣 ——

❶ 辣豆瓣要以小火慢炒，炒過之
　後可以去除豆酸味，顏色上也
　會比較鮮紅。

❷ 蝦子的腥味來自於背部的腸
　泥，所以清除乾淨，不僅可以
　去除腥味，口感上也會避免沙
　沙的。

## 備料步驟

**1**

食材洗淨。蒜頭去頭尾及外皮，蔥綠與蔥白分開，辣椒去蒂及籽與薑均切成末。

**2**

草蝦洗淨，修剪鬚腳，背殼剪開後，去除腸泥。

## 料理步驟

**1**

鍋中倒入2杯油，油溫達160℃，放入草蝦炸硬跟上色。

**2**

將草蝦撈出。

**3**

鍋中留下1大匙的油，放入調味料 A 的哈哈辣豆瓣、番茄醬一起炒至油色變深紅，出現黏糊的感覺，加入剩餘的調味料至糖融化。

**4**

放入辛香料爆香，再加入調味料 B 與蝦燒煮五分鐘。

**5**

鍋中放入2杯的油，先放入蔥白油炸至金黃色，以中火加熱至120℃。

**6**

最後淋入調味料 C 勾芡，撒上蔥花即可撈出盛盤。

# 17 苦盡甘來

苦瓜的籽不要去除
吃下去一開始有苦味，但咬久了後面會有回甘的滋味

<table>
<tr><td>🍽️ 份量</td><td>4 人份</td></tr>
<tr><td>🔥 火力</td><td>中火→小火</td></tr>
<tr><td>🕐 時間</td><td>80 分鐘</td></tr>
</table>

**材料**
苦瓜 1 個（約 250 克）
樹子 30 克
甘草 2 片
薑片 5 克
水 6 杯
枸杞 3 克

**調味料**

A
醬油 2 大匙
糖 2 大匙

**①**

苦瓜洗淨，去除頭尾，對半切開，不要去籽。

**①**

鍋中倒入 2 杯油，以中火燒熱油溫至 200℃，放入苦瓜，將苦瓜炸至上色，撈出，以滾水汆燙一下。

   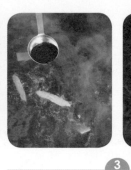 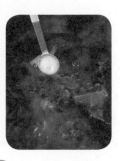

**②**

鍋中倒入 6 杯水，依序放入樹子、甘草、薑片。

**③**

煮滾後加入調味料Ａ。

**④**

將苦瓜放入後改小火燒煮約 1 小時。

**⑤**

放入枸杞略煮約 5 分鐘，即可取出，放涼後切塊，排入盤中，再淋上煮汁即完成。

# 18 三杯杏鮑菇

用麻油、醬油、米酒與糖燜燒收乾的杏鮑菇
入口時有濃郁的塔香

**份量** 4 人份

**火力** 中火

**時間** 15 分鐘

**材料**
杏鮑菇 300 克
薑片 20 克
蒜頭 5 顆
九層塔 10 克
辣椒 1 根
麻油 1 大匙

**調味料**
米酒 1/4 匙
水 1/2 杯
醬油膏 1 大匙
醬油 1/2 匙
糖 2 大匙
辣豆瓣 1/4 匙

備料步驟

1

食材洗淨。杏鮑菇
切滾刀塊;蒜頭去
頭尾及外皮;九層
塔摘除根莖;辣椒
去蒂及籽,切菱形
片。

鍋中倒入 2 杯油燒熱，依序將蒜頭、薑片、杏鮑菇放入油溫
80℃中炸上色後撈出、瀝乾油分。

鍋中倒入 1 大匙的
麻油，再依序放入
蒜頭。

再加入薑片、杏鮑
菇拌炒均勻。

加入調味料中的米酒、水、醬油膏煮滾。

繼續加入醬油、糖、辣豆瓣煮至縮汁。

最後加入九層塔、辣椒片略拌即可盛盤。

# 19 湖南豆腐

湖南的辣是用新鮮的辣椒，搭配獨特鮮鹹味
的豆豉與豆腐燒製而成的功夫菜

份量　4 人份
火力　中火→大火
時間　15 分鐘

**材料**

薑 10 克
蒜頭 1 個
蒜苗 1 支
豆豉 1 匙
辣椒 1 根
五花肉 30 克
板豆腐 200 克

**調味料**

**A**

醬油 2 大匙
水 1 杯
鹽 1/4 匙
糖 1 大匙
米酒 1 大匙
胡椒適量

**B**

辣油 1 大匙

**備料步驟**

**①**

食材洗淨。薑去皮，辣椒去蒂及籽均切菱形；蒜頭去頭尾、外皮切片；蒜白蒜綠分開，均切斜段。

6×4×1cm

**②**

板豆腐切成長、寬、厚為：6×4×1公分的片狀，放入鹽水中，可以增加豆腐的硬度。

4~6×0.2~0.4cm

**③**

五花肉切成絲備用。

**④**

豆豉洗淨後泡水、撈出，用熱油泡過，可以提升豆豉的香氣與甘甜口感。

**料理步驟**

**①**

鍋中倒入1匙的沙拉油燒熱，放入豆腐。

**②**

把正反面都煎到金黃上色，先撈出備用。

**③**

放入肉絲，炒出香氣，再放入蒜苗白、蒜片、薑片一起，炒出香氣。

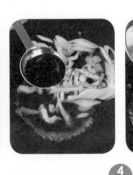

**④**

倒入調味料 A 燒出香氣。

**⑤**

依序放入豆腐、豆豉，改大火燒煮。

**⑥**

燒煮到水剩下1/3時，加入辣椒片、蒜綠一起拌炒均勻。

**⑦**

最後從鍋邊下辣油，翻動鍋子燒一下即可起鍋盛盤。

# 01 豉汁排骨

清爽不膩，口感鮮美清淡
讓味覺回到最樸實、最原味的感動

| 份量 | 4 人份 |
| 火力 | 大火 |
| 時間 | 30 分鐘 |

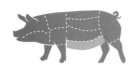

**材料**
豬肋排 300 克
豆豉 1 大匙
辣椒 1 根
蒜頭 1 個

**調味料**
醬油 1 大匙
米酒 1 大匙
胡椒粉 1/2 小匙
鹽 1/2 匙
糖 1/2 匙
太白粉 1 小匙

—— TIPS 主廚不外傳的關鍵祕訣 ——
想做出好吃的蒸排骨，除了醃漬
動作要確實外，豆豉用熱油泡
過，可以提升豆豉的香氣與甘甜
口感也是一大關鍵。

**①**
辣椒洗淨，去蒂及籽，蒜頭去頭尾及外皮，均切成碎末。

**②**
豬肋排切成 2～4 公分大塊。

**③**
豆豉洗淨後泡水、撈出，用熱油泡約 5 分鐘，撈出、切小粒備用。

**①**
豬肋排泡入鹽水中，可去除血水，再用清水把雜質與血塊清洗乾淨。

**②**
取出後瀝乾水分，加入調味料中的醬油後。

**③**
用手抓醃一下。

**③**
再依序加入繼續米酒、胡椒粉、鹽、糖、太白粉，一起攪拌均勻。

**④**
再將紅辣椒碎、蒜頭碎與豆豉依序撒在小排骨上。

**④**

**⑤**
等水滾後放入鍋中，以大火蒸約 20 分鐘即可取出。

# 02 梅干扣肉

梅干扣肉是封存在記憶裡的一道美食
其實沒有複雜的技巧，需要的是時間慢慢入味

| | | |
|---|---|---|
| 份量 | 4 人份 |
| 火力 | 大火→中火 |
| 時間 | 2.5 小時 |

**材料**
五花肉 400 克
梅干菜 1/2 顆（50 克）
蒜頭 2 個
薑 1 塊（10 克）

**調味料**

A
水 3 杯
醬油 3 大匙
糖 1 大匙

B
醬油 1 大匙
糖 1 大匙

C
太白粉 1/2 匙
水 1 大匙

**備料步驟**

① 蒜頭洗淨去頭尾及外皮,薑洗淨去皮,均切成片。

② 梅干菜泡水,泡開後要反覆沖洗乾淨切成小段,瀝乾備用。

① 鍋中倒入半鍋的水,放入五花肉煮熟,撈出。修成長條形,需留下修下來的肥豬肉。

② 鍋中放入 2 杯油燒熱,放入五花肉,以大火炸至金黃,撈出後泡水約 10 分鐘至外皮回軟。

③ 取出後,瀝乾水分,切成 0.5 公分的片狀,排入扣碗中。

④ 鍋中倒入 3 大匙的油,爆香薑片、蒜頭,放入梅干菜炒香,依序加入調味料A中的水、醬油、糖。

**⑤**

再加入修下來的肥豬肉，一起燒滷約 30 分鐘，即可撈出。

**⑥**

將梅干菜瀝乾後放在五花肉上，並且加以壓實。

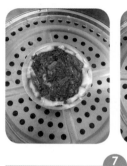

**⑦**

放入蒸籠，上面覆上耐熱保鮮膜，以中火蒸約 1.5 小時。

**⑧**

直到梅干菜煮爛倒扣到碗中，並將湯汁倒回鍋中。

**⑨**

加入調味料 **B**，煮至糖融化，再倒入調勻的調味料 **C** 勾芡，淋在肉上即完成。

── TIPS 主廚不外傳的關鍵祕訣 ──

❶ 梅干菜經醃製熟成，再放在陽光下曬到乾燥，製程中會沾染許多塵土，所以清洗時絕對不能馬虎，要把梅干菜解開後放到水龍頭下沖洗，再放入盆中搓洗、擰乾、換水，多洗幾次，才不會有沙沙的口感。

❷ 製作這類倒扣的菜不鬆散的最大技巧，在於排入食材時，排列一定要緊密，排列完成後，經過略微壓實，就能避免倒扣時發生鬆散的情況發生。

# 03 蜜汁火腿

雖是超經典的宴客菜，但製作方式真的很簡單
需要的是時間把家鄉肉蒸至軟爛入味

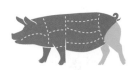

**材料**
家鄉肉 300 克
蓮子 100 克
桂花釀 2 克
冷凍白吐司 1/2 條

**調味料**

A
糖 120 克
水 3 大匙

B
糖 80 克
水 3 大匙

── TIPS 主廚不外傳的關鍵祕訣 ──

所使用的糖，可以是細砂糖、冰
糖或二砂，選擇個人所喜歡的加
入即可。家鄉肉可在蝦皮網站購
得。迪化街、南門市場也有。

123

**1** 將家鄉肉放入水碗中，再放入蒸籠中，以中火蒸約 1 小時，取出瀝乾，用重物重壓至冷卻後定型。

**2** 將皮切除，切除不平整的部分。

**3** 再均切成長寬厚度為 8×5×0.4 公分的長方形，約 12 片，扣碗先放桂花釀，再將肉片排入蒸碗中。

**4** 加入調味料 A，放入蒸籠中，以中火蒸 1 小時。

**5** 將鍋蓋打開，並且將湯汁倒出。

**6** 蓮子泡水 20 分後瀝乾，放入蒸籠乾蒸約 30 分鐘取出。

**7** 將蓮子鋪入肉片上，再加入調味料 **B** 的糖、水。

**8** 以大火蒸 30 分鐘，即可取出、扣出。

**9** 白吐司自冷凍庫取出後，對切成 7x10 公分的長條狀。

**10** 將四邊的皮切除，再把邊修齊。

**11** 以一刀切斷，一刀不切斷的方式，切成夾餅皮，排入盤中，食用時蒸熱即可夾入蜜汁火腿一起食用。

# 04 蛋黃瓜仔肉

加入鹹蛋黃蒸出來的絞肉料理
多了一股特別的的香氣，讓人吮指再三回味

| 份量 | 4 人份 |
| 火力 | 大火 |
| 時間 | 40 分鐘 |

TIPS 主廚不外傳的關鍵祕訣

蒸煮時一定要使用大火，以免火力太小，把蒸煮時間拉長，造成鹹蛋黃和絞肉失水，就會讓口感變得乾澀老硬。

**材料**

絞肉 300 克
蔥 1 枝
薑 1 塊（30 克）
蒜頭 5 顆（30 克）
蔭瓜 90 克
鹹蛋黃 4 顆

**調味料**

水 1/2 杯
鹽 1 小匙
糖 1 小匙
胡椒適量
米酒 1 大匙
醬油 1 大匙
水 1/4 杯

| 備料步驟 | | 料理步驟 | |
|---|---|---|---|

 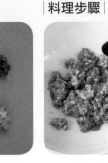  

**①**

食材洗淨。蔥切末，薑去皮，蒜頭去頭尾，均切末。

**②**

蔭瓜與鹹蛋黃均切小塊。

**①**

將絞肉放入碗中，加入所有調味料攪拌均勻，略微摔打一下。

**②**

繼續加入蒜末、薑末、蔭瓜一起抓拌均勻。

**③**

放入模具容器中，將上方略微壓實，再放入鹹蛋黃粒。

**④**

放入蒸籠，等水滾後改大火蒸約 30 分鐘至熟，取出，將模具移開。最後撒蔥花即可端出。

# 05 臘腸蒸雞

味道鹹中帶鮮，滑嫩的雞肉配上氣味十足的肝臘腸
搭配香菇的香氣，美味又吮指

**材料**
乾香菇 50 克
臘腸 25 克（約 6 片）
肝腸 25 克（約 6 片）
雞腿肉 200 克
蔥 1 枝（約 20 克）
薑 10 克

**調味料**
醬油 1 大匙
米酒 1/2 小匙
蠔油 1 大匙
胡椒適量
糖 1/4 小匙
太白粉 1/4 小匙

—— TIPS 主廚不外傳的關鍵祕訣 ——

❶ 雞肉裡加入太白粉，可以避免
　肉的口感太柴。

❷ 臘腸、肝腸市面上有許多品牌
　可以選擇，可依個人喜好挑
　選。

備料步驟

①

乾香菇用太白粉水清洗乾淨後，再用清水洗一次，把水擠乾後切片。也可以用新鮮香菇取代。肝腸臘腸蒸過，泡冷水切斜厚片。

②

薑洗淨、去皮後切菱形；蔥洗淨、切斜段。

③

將雞腿肉洗淨，去除外皮上的毛以及多餘的油脂，利用刀鋒斷筋，對開切塊。

①

雞腿肉放盤中，依序加入調味料的醬油、米酒。

②

再加入蠔油。

③

再繼續加入剩餘的胡椒、糖、太白粉，一起抓勻，靜置 20 分鐘入味。

④

將雞肉跟香菇鋪平上面放上肝臘腸、蔥段、薑片。

⑤

放上蒸籠，等水滾後再將食材放入，以中火蒸 20 分鐘至雞肉熟透即可取出。

# 06 人參燉烏雞

是一道傳統的北京風味菜餚，醬香濃郁，
口味鹹甜適中。

| | | |
|---|---|---|
| 份量 | 4 人份 | |
| 火力 | 中火 | |
| 時間 | 100 分鐘 | |

**材料**
烏骨雞 1.2 公斤
參鬚 4.3 克
枸杞 5 克
紅棗 3 顆
當歸 2 克
金華火腿 3 片
（可在南門市場購得）
水 4.5 杯

**調味料**
鹽 1 大匙
米酒 1 大匙

**備料步驟**

**①**

將參鬚、枸杞、紅棗、當歸及金華火腿準備好。

**②**

先將烏骨雞的腳踝剁下，刀刃貼著龍骨，將雞肉劃開。

**③**

去除龍骨及屁股，即拆解完成。

**料理步驟**

**①**

將烏骨雞放入滾水中汆燙，取出後，把血塊清洗乾淨。

**②**

將烏骨雞放入深鍋中，倒入水後，加入金華火腿、參鬚、枸杞、紅棗、當歸及調味料。

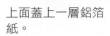

**③**

上面蓋上一層鋁箔紙。

**④**

放上蒸籠，等水滾後，放入食材，中火蒸 1.5 小時即可熄火端出。

# 07 豆酥鱈魚

簡單的烹調，有著十足香氣的豆酥
搭配鮮嫩的鱈魚，也能讓人大滿足

份量　2 人份
火力　大火→小火
時間　20 分鐘

**材料**

鱈魚 450 克
蔥 1 支（10 克）
蒜頭 2 顆（10 克）
辣椒 1 根
豆酥 30 克
辣豆瓣 1 大匙

**調味料**

## A

**魚露汁**

醬油 3 大匙
水 4 大匙
米酒 1 大匙
甘草 1 片
魚露 1 大匙
香菜少許
糖 1/2 匙

## 備料步驟

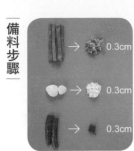

**①** 食材洗淨。蔥一半切段,一半切末;蒜頭去除頭尾及外皮,辣椒去蒂及籽,切末。

**②** 鱈魚洗淨,去除魚鱗後洗乾淨,抹上少許的鹽、米酒(份量外)、再放上蔥及薑段。

## 料理步驟

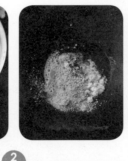

**①** 準備好蒸籠,等水滾後將鱈魚放入,以大火蒸 10 分鐘。

**②** 鍋中倒入 5 大匙的油燒熱,將辛香料、豆酥、辣豆瓣一起倒入,以小火煸炒,或先將豆酥炒至起泡,再加入其他材料。

**③** 以小火炒至香味逸出以後再加入蔥末拌炒均勻。

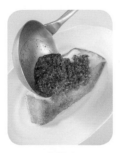

**④** 撈出後均勻淋在鱈魚上。

**⑤** 鍋中放入調味料 A 煮滾做成魚露汁,再把魚露汁淋在鱈魚上,放上裝飾香菜(可省略)即可。

—— TIPS 主廚不外傳的關鍵祕訣 ——

**❶** 這是一道考驗火候掌控力的菜餚,豆酥的香氣讓人食指大動,但需以小火炒過,火太大很容易燒焦甚至產生苦味。

**❷** 鱈魚的味道清甜易熟,所以蒸煮時間不宜太長。清蒸完成再加入炒香的豆酥能提升整體風味。

# 08 樹子蒸午仔魚

所謂一午二鮸三嘉鱲，午仔魚搭配樹子的甘甜
鮮美滋味，讓人一吃上癮

| | | |
|---|---|---|
| 份量 | 4 人份 | |
| 火力 | 大火 | |
| 時間 | 10 分鐘 | |

| 材料 | | 調味料 | |
|---|---|---|---|
| 午仔魚 250 克（1 隻） | | 樹子汁 2 大匙 | |
| 樹子 20 顆 | | 米酒 1 大匙 | |
| 薑 1 塊（10 克） | | 醬油 3 大匙 | |
| 蔥綠 1 枝（10 克） | | 糖 1/6 匙 | |
| 辣椒 1/2 根 | | 鹽 1/6 匙 | |

**備料步驟**

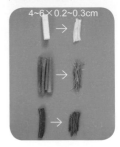

4~6×0.2~0.3cm

**①**

食材洗淨。薑去皮、與蔥綠、去蒂及籽的辣椒均切絲，泡生飲水。
調味料拌勻做成醬汁備用。

**料理步驟**

**①**

將午仔魚魚鱗刮除乾淨後，橫剖一刀對開，在內側劃數刀。

**②**

放入清水中，將血塊去除乾淨，就可以大大降低魚腥味，取出後放在盤子上。

**③**

先鋪上薑絲，再均勻的撒上樹子，準備好蒸鍋，等水滾後放入。

**④**

以大火蒸 7 分鐘。

**⑤**

淋上調好的醬汁，再均勻的放入蔥絲、薑絲、辣椒絲。

**⑥**

最後淋上加熱後的沙拉油即可。

# 09 剁椒鱸魚

對於喜歡辣味的人來説，
滿滿的辣椒及辣油，入口大滿足！

份量 4 人份
火力 小火→大火
時間 20 分鐘

**材料**
加州鱸魚 1 隻
辣椒 100 克
蒜頭 4 顆

**調味料**

A
鹽 1 克
米酒 1 大匙

B
魚露 16 克
糖 6 克
辣油 1 大匙

**| 備料步驟 |**

**①** 蒜頭洗淨,去頭尾及外皮,辣椒洗淨,去蒂,均剁碎。

**②** 辣椒加入調味料A,攪拌均勻,放入冰箱冷藏醃 5 天。

**③** 取出後瀝乾水分備用。

**| 料理步驟 |**

**③**

**④** 加州鱸魚清洗乾淨,在兩面各劃數刀後放入盤中。

**①** 鍋中倒入 2 大匙的油,開小火,倒入辣椒、蒜頭末炒至香味逸出。

**②** 盛入碗中,加上調味料B一起拌勻成剁椒醬。

**③** 將剁椒醬淋在魚身上,準備好蒸鍋,等水滾後放入,以大火蒸 12 分鐘即可。

# 10 蔥油石斑

充滿著蔥香，搭配鮮嫩的魚肉，
讓入口時有著全新不同的感受

| | | |
|---|---|---|
| 份量 | 4 人份 |
| 火力 | 大火 |
| 時間 | 25 分鐘 |

**材料**

石斑魚 800 克
蔥 2 枝
裝飾用香菜 1 枝
辣椒 1 根
薑片 3 片

**調味料**

**A**

米酒 1 大匙
鹽 1 大匙

**B**

**魚露汁**

醬油 1 大匙
水 5 大匙
糖 2 大匙
魚露 1 大匙
美極 1 匙

—— TIPS 主廚不外傳的關鍵祕訣 ——

❶ 去除石斑魚的鱗片，除了直接
刮除外，也可以汆燙後輕輕刮
一下，鱗片即會落下。

❷ 蒸魚通常是大火快蒸，烹調時
間不會過長，以免肉質老化。
所以在蒸的時候可以在蒸盤上
墊一雙筷子，讓熱氣可流動，
有助於魚體兩面均勻蒸熟。

**1**

香菜洗淨，摘成小段；辣椒洗淨，去蒂、切絲；蔥洗淨、1/5 切段，剩下切成絲。

**1**

從石斑魚的背部橫切一刀，魚身兩側各劃 2 刀，放在墊上筷子的盤子裡。

**2**

**3**

將蔥段、薑片塞入肚子裡，依序倒入調味料 **A** 的米酒、鹽，抹勻後醃製約 10 分鐘。

準備好蒸鍋，等水滾後放入，以大火蒸 12 分鐘即可取出。

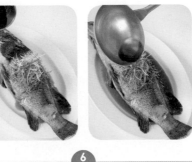

**4**

**6**

放入薑絲、蔥絲、辣椒絲及香菜。

倒入調味料 **B** 的魚露汁至盤中，再起一油鍋燒滾 1 大匙的熱油倒到石斑魚上即可。

# 11 蒜蓉明蝦

蝦的美味讓人食指大動,不需繁複的烹調方式
就能品嚐到清鮮甜美的絕佳滋味

| | 份量 | 4 人份 |
|---|---|---|
| | 火力 | 大火 |
| | 時間 | 15 分鐘 |

**材料**
蒜頭 100 克
明蝦 6 隻
冬粉 1 球
蔥 2 枝
裝飾用香菜 1 枝

**調味料**

**A**
米酒 1 大匙
鹽 1 大匙

**B**

**魚露汁**
醬油 1 大匙
水 5 大匙
糖 2 大匙
魚露 1 大匙
美極 1 大匙

**｜備料步驟｜**

 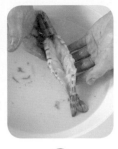 

**① 蔥洗淨、切成碎末；蒜頭去頭尾及外皮，切末；香菜洗淨，摘成小段。**

**② 明蝦剪去觸角、開背去除腸泥。**

**③ 冬粉放入冷水中浸泡約 20 分鐘，剪成適合入口的小段，排入盤中。**

── TIPS 主廚不外傳的 ──
關鍵祕訣

蝦子之所以腥味重，原因在於背部的腸泥，如果清除不乾淨，不僅會有腥味，吃進去時的口感，也有沙沙的感覺，所以烹煮前一定要把腸泥去除。

Part 1
專業大廚不藏私的 5 大必學技法

Lesson 3
蒸的技法

**｜料理步驟｜**

**① 鍋中倒入 2 杯油燒熱至 120℃，放入蒜頭炸至金黃，撈出、瀝乾放入碗中，加入調味料A一起拌勻成蒸醬。**

**② 將明蝦排在冬粉上，淋上蒸醬，準備好蒸鍋，等水滾後放入，以大火蒸 6 分鐘即可取出，撒上蔥末、香菜。**

**③ 鍋中依序倒入調味料中的水、糖、魚露、美極等煮滾做成魚露汁，撈出後淋在明蝦上即完成。**

**｜明蝦處理步驟｜**

   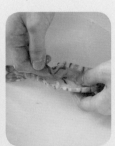

**① 用剪刀從明蝦的背部剪開後，剪去足部，再將觸鬚剪除，用清水將腸泥洗淨即完成。**

# 12 百花鑲豆腐

肉質柔嫩的蝦肉，搭配豆腐與醬汁
味道層次分明，讓滋味平淡的蒸物更鮮美可口

份量　4 人份

火力　大火

時間　15 分鐘

**材料**

蝦子 8 隻
板豆腐 300 克
蔥 5 克
馬蹄 20 克
薑 1 塊
香菜 5 克（50 克）
豬背油 10 克
甘草 1 片

**調味料**

## A
**醃料**

鹽 1/6 匙
糖 1/4 匙
太白粉 1/2 匙

## B
**魚露汁**

米酒 1 大匙
醬油 3 匙
糖 1/6 匙
鹽 1/ 匙
魚露 1 大匙

── TIPS 主廚不外傳的關鍵祕訣 ──

❶ 蝦子事先以鹽抓醃，再以流動的水清洗可以去除藥劑，製作前先吸乾水分，比較容易出膠。

❷ 豆腐中間挖洞後撒少許太白粉，在蒸的過程中餡料比較不會脫落。

## 備料步驟

**①**

馬蹄洗淨、切末；
薑洗淨、切成碎末；
蔥洗淨，切末；香
菜洗淨，摘成小段。

**②**

板豆腐洗淨、切成長、寬、厚為 6×4×2 的片狀，放入盤中，
將中間部分挖空，撒上適量的太白粉（份量外）。

## 料理步驟

 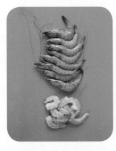   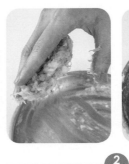 

**①**

蝦子去頭尾及外殼，在背部劃上一刀，將腸泥去除後拍成泥狀。

**②**

加入調味料 A 中的鹽攪至有黏性，再放入
太白粉、馬蹄、豬背油一起拌均勻，攪拌
出黏性，分成 1 球約 30 克的大小。

**③**

放入挖空的豆腐
中，表面沾水塗抹
可以更平整。

**④**

準備好蒸鍋，等水滾後放入，以大火蒸 10 分鐘即可取出，最後倒入調味料 B 的魚露
汁至盤中，再起一油鍋燒滾倒到上面，撒上蔥末、香菜即可。

# 13 清蒸臭豆腐

臭豆腐香氣獨特，淋上滾燙的醬汁
香氣四逸，令人食指大動

|  份量 | 4 人份 |
| 火力 | 大火 |
| 時間 | 25 分鐘 |

**材料**

臭豆腐 4 塊
開陽 3 克
家鄉肉 15 克
薑 5 克
蒜頭 1 顆
辣椒 1 支
乾香菇 1 朵
毛豆仁 50 克

**調味料**

糖 2 大匙
辣油 1 大匙
胡椒少許
米酒 1 大匙
醬油 1 匙
香油 1 大匙
水 1 大匙

**｜備料步驟｜**

1. 豆腐放在水龍頭下，以流動的水清洗5分鐘，瀝乾後交叉十字劃刀切成4等分。

2. 薑洗淨、去皮，大蒜去皮及頭尾，紅辣椒去蒂，均切成碎末。

3. 乾香菇洗淨後泡水至軟，切末。

4. 家鄉肉與洗淨的開陽均切末。

5. 毛豆洗淨，去除外膜備用。

**｜料理步驟｜**

1. 把蒜頭、薑、香菇、辣椒、家鄉肉、開陽放入碗中，依序加入糖、辣油等所有調味料，一起混合均勻。

2. 豆腐切好後放入盤子裡，淋上調好的醬料，撒上毛豆仁。

3. 封上鋁箔紙，準備好蒸鍋，等水滾後放入，以大火蒸20分鐘即可取出。

# 14 蒸三色蛋

掌握好黃金比例與小訣竅
就能端出一盤層次分明又好吃的三色蛋

| | | |
|---|---|---|
| 份量 | 4 人份 |
| 火力 | 中火→小火 |
| 時間 | 50 分鐘 |

**材料**

雞蛋 4 個
鹹蛋 1 個
皮蛋 1 個

**調味料**

A

太白粉 1/4 匙
水 1 大匙

B

太白粉 1.5 大匙
水 3 大匙

①

鹹蛋與皮蛋放入蒸鍋中火蒸 10 分鐘後取出，沖涼，去殼。鹹蛋先對切一半，再對切，均切成 4 等分；皮蛋也是先對切，再對切一半，均切成 4 等分備用。

①

取二個碗，其中一個碗打入 4 個蛋白及 1 個蛋黃，另一個碗打入 3 個蛋黃，將調味料Ａ混合均勻。

②

將只有蛋黃的那一碗，加入調味料Ａ混合均勻成蛋黃液。

②

4 個蛋白 1 個蛋黃的那一碗加拌勻的調味料Ｂ，混合均勻成蛋白液。

③

取一個模具，直接鋪入保鮮膜後，均勻灑上鹹蛋丁、皮蛋丁，再淋入蛋白液。

④

上面封上鋁泊紙，放入蒸籠或電鍋，鍋蓋要留一點縫，不能蓋密，小火蒸 25 ～ 30 分鐘。

⑤

檢查蛋白都凝固了再均勻淋上蛋黃液，再蒸 5 分鐘即可。

⑥

放涼後取出切片，可以沾美乃滋食用。

# 15 上海菜飯

慢慢咀嚼，就能品嘗到濃淡合宜的鹹香滋味，滿是幸福！

份量　4人份
火力　大火→中火
時間　40分鐘

**材料**
青江菜 2 株（120 克）
壽司米 150 克
家鄉肉肥肉 10 克
家鄉肉瘦肉 20 克
開陽 5 克
乾香菇 1 朵
豬油 1 大匙

**調味料**
A
鹽 1/4 匙
水 2 大匙
紹興酒 1 大匙

148

**備料步驟**

**1** 青江菜洗淨、切除頭部後切末。家鄉肉煮過、切末,肥瘦分開;開陽、乾香菇泡軟切末。

**2** 壽司米洗淨、瀝乾,加水 150 克後浸泡 10 分鐘。

**料理步驟**

**1** 將浸泡好的壽司米,放入蒸籠中,蒸約 20 分鐘將飯蒸熟,再繼續燜 10 分鐘後翻鬆備用。

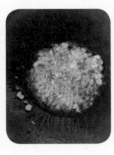

**2** 鍋中放入豬油,以小火煸出香氣,加入肥家鄉肉與香菇末。

**3** 再放入開陽、家鄉肉爆香後,倒入青江菜炒至斷生。

**4** 加入調味料 A 中的鹽、水、紹興酒,煮滾後關火,再放入白飯拌勻即完成。

# 16 紅蟳米糕

是一道傳統的北京風味菜餚，醬香濃郁
口味鹹甜適中

| | |
|---|---|
| 份量 | 4 人份 |
| 火力 | 大火 |
| 時間 | 50 分鐘 |

**材料**

紅蟳 1 隻（200 克）
糯米 300 克
開陽 10 克
紅蔥頭 10 克
乾香菇 20 克
魷魚 50 克
五花肉 100 克
裝飾香菜段適量
油蔥酥 20 克

**調味料**

豬油 1 大匙
水 1/2 杯
米酒 1 大匙
醬油 2 大匙
糖 1 大匙
胡椒 1/2 匙

**備料步驟**

↓切小塊

↓0.2~0.3cm

0.3cm
4~6×0.2~0.4cm
4~6×0.2~0.4cm

4~6×0.2~0.4cm

↓泡3小時

**①**
紅蟳刷洗乾淨，自尾部用力向兩側掰開，取出蟹蓋內的砂囊，修去頭鬚及肺腮，再次沖洗乾淨，蟹身部位切成小塊。

**②**
紅蔥頭洗淨，去除頭尾、外皮、切成薄片。

**③**
蝦米洗淨、切末；乾香菇洗淨泡開，切細條狀；乾魷魚洗淨、泡開，切成條狀。

**④**
五花肉絲備用。

**⑤**
糯米洗淨，泡水約3小時，瀝乾水分備用。

**料理步驟**

**①**
糯米放入蒸籠中，以大火蒸約35分取出後備用。

**②**
將紅蟳盛入盤中，移入蒸籠，以大火蒸約10分鐘，取出。

**③**
鍋中放入1大匙的豬油燒至融化。

**③**
放入紅蔥頭後炒至香氣逸出。

**④**
接著放入五花肉絲，炒至變色後，依序加入香菇絲、開陽末、魷魚絲。

**5**

拌炒均勻後即可依序加入調味料米酒、醬油、糖、胡椒。

**6**

再倒入清水拌炒煮滾後，加入油蔥酥後煮 5 分鐘。

**7**

盛入蒸好的糯米中，均勻攪拌成糯米飯

**8**

盛入盤中，擺上蒸熟的紅蟳以香菜裝飾即可端出。

TIPS 主廚不外傳的
關鍵祕訣

紅蟳的處理方式

❶ 紅蟳刷洗乾淨，腹部朝上，取出蟹蓋內的砂囊。

❷ 剪去頭鬚。

❸ 修去肺腮，清洗乾淨。

❹ 剪下蟹螯。

❺ 最後將蟹足剪下。

# 17 鳳梨苦瓜雞湯

鹹鳳梨具有提味功能，不僅中和苦瓜的苦味
更增湯頭的甘醇鮮美

**材料**
仿土雞腿 400 克
鹹鳳梨 100 克
苦瓜 150 克
薑 10 克
水 6 杯

**調味料**
米酒 1 大匙
鹽 1/2 匙

| 份量 | 4 人份 |
| 火力 | 大火 |
| 時間 | 50 分鐘 |

**備料步驟**

①
苦瓜洗淨後，去除頭尾及籽，切成菱形狀後備用。

②
仿土雞腿洗淨、切塊備用。

③
將鹹鳳梨從罐中取出，瀝乾水分，放入盤中備用。

── TIPS 主廚不外傳的關鍵祕訣 ──

❶ 市售的鹹鳳梨鹹度不一，使用前要先試試口味，再自行斟酌調整用量，以免口感過鹹。

❷ 處理苦瓜時，瓜囊及瓜籽去除乾淨，就能降低苦味。

**料理步驟**

①
鍋中倒入半鍋水煮滾，放入苦瓜汆燙約1分鐘，取出、瀝乾水分。

②
繼續放入雞塊，汆燙約 1 分鐘，取出。

**3**

將雞塊放入清水中沖洗乾淨，再撈出並瀝乾水備用。

**4**

將燙好的苦瓜、雞腿肉、薑片一起放入深碗中，再加入鹹鳳梨。

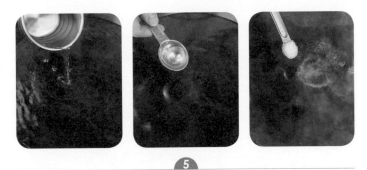

**5**

鍋中倒入 6 杯水，加入調味料中的米酒、鹽煮滾。

**6**

將加入米酒、鹽的水倒入碗中至八分滿，封上保鮮膜，放入準備好的蒸鍋，以大火蒸40 分鐘即可取出。

# 01 醃篤鮮

這道料理在上海菜裡很有代表性
有著醃肉、鮮肉與白湯撞擊出的完美口感

 份量　4 人份

火力　小火→大火→中火

時間　110 分鐘

**材料**

五花肉 200 克

雞骨 300 克

雞爪 100 克

家鄉肉 70 克

百葉結 100 克

綠竹筍 1 根

青江菜 2 株

蒜苗 1 支

**調味料**

鹽 1/4 匙

── TIPS 主廚不外傳的關鍵祕訣 ──

什麼是醃篤鮮？所謂的「醃」，
代表著醃肉，這裡用的是家鄉
肉，但也有人會使用火腿來製
作。「鮮」就是鮮肉，「篤」就
是在煨煮的過程中，鍋子與鍋蓋
碰撞時所發出的撞擊聲。是一道
很經典的菜。

**備料步驟**

❶ 綠竹筍煮熟去皮及粗纖維，切滾刀塊；蒜苗洗淨、切絲。

❷ 家鄉肉切成條狀。

❸ 青江菜洗淨，去除老葉，葉尾切兩刀，另一株也依序完成。

**料理步驟**

❹ 把百頁結清洗乾淨後備用。

❶ 五花肉、雞骨、雞爪先放入滾水中汆燙，待變色後，取出、清洗乾淨。

❷ 鍋中倒入 2 公升的水，放入洗淨的五花肉、雞骨，以及可以增加膠質的雞爪。

❸ 以小火煮 1 小時。

❹ 將五花肉撈起，把雞骨敲碎，改大火滾煮 15 分鐘。待湯色變白。

**5**

將乳白色的高湯過濾備用。

**6**

取出的五花肉去皮，切成長條狀備用。

**7**

砂鍋裡依序放入百葉結。

**8**

竹筍、五花肉、家鄉肉。

**9**

再倒入過濾好的高湯。

**10**

蓋上蓋子，以中火滾 20 分鐘。另起一鍋
水煮滾後，放入青江菜煮熟取出。

**11**

將蓋子打開，加入調味料，擺上青江菜與
蒜苗絲即完成。

# 02 水煮牛肉

麻辣味厚，滑嫩順口的經典川菜
寒冬時品嚐，別有一番滋味

| 份量 | 4 人份 |
| 火力 | 中火→小火→中火 |
| 時間 | 25 分鐘 |

**材料**

牛五花肉片 220 克
乾辣椒 10 克
花椒 15 克
粉絲 1/2 顆
高麗菜 80 克
黃豆芽 30 克
薑 1 塊（5 克）
蒜頭 2 顆（10 克）
蒜苗（20 克）
裝飾香菜段（10 克）

**調味料**

**A**

**醃料**
鹽 1/2 匙
糖 1/2 匙
米酒 1 大匙
香油 1 大匙
胡椒少許
太白粉 2 大匙

**B**

花椒油 1 大匙
辣椒油 1 大匙
郫縣豆瓣 2 大匙
醬油 1 大匙
胡椒少許

**C**

花椒油 1 大匙
辣油 3 大匙

蒜苗洗淨、切絲;高麗菜洗淨後,切成大片;粉絲泡軟、撈出瀝乾,剪斷。

蒜頭去頭尾及外皮,薑去外皮,均切末。乾辣椒切段,準備好花椒。

牛五花肉片切半,黃豆芽洗淨備用。

牛五花肉片加入調味料A攪拌均勻抓醃5分鐘。

放入滾中稍微氽燙一下,撈出,以清水清洗乾淨,撈出瀝乾水分。

泡水備用。

鍋中倒入2大匙油,以小火炒香乾辣椒及花椒,撈起剁碎備用。

鍋中倒入調味料B的花椒油、辣椒油,先把郫縣豆瓣炒出香氣,再加入其他調味料一起炒勻後加入薑末、蒜末爆出香味。

**5**

拌炒均勻

放入水 2 杯煮滾，把味道進一步煮出來，繼續放入豆芽菜及高麗菜，煮至斷生，撈起盛入盤中。

**7**

把泡開的粉絲放入煮熟。

**8**

撈起，盛入盤中。

**9**

湯汁再滾後，放入牛五花燙熟，跟湯一起盛盤，放上剁好的乾辣椒花椒碎。

**10**

另起鍋，放入調味料 **C** 燒熱至 150℃，淋在乾辣椒、花椒碎上，最後撒上蒜苗、香菜即可。

── TIPS 主廚不外傳的關鍵祕訣 ──

❶ 乍看菜名的水煮常讓人誤以為是一道清淡的菜餚，結果又麻又辣，源自四川自貢鹽幫菜。肉嫩味鮮、香味濃郁，一層滿滿的辣油，突顯出川菜麻、辣、燙、鮮的風味。

❷ 所謂的斷生就是八分熟，因為斷生的蔬菜還會再加工處理，這樣的話，可以避免口感過老，以及色澤上變得不鮮豔。

# 03 羅宋湯

這是一道由烏克蘭流傳過來
味道偏清爽，酸中帶甜的一道湯品

 份量 2 人份
 火力 中火→小火
時間 60 分鐘

**材料**
番茄 80 克
洋蔥 50 克
高麗菜 50 克
馬鈴薯 30 克
紅蘿蔔 30 克
牛肋條 100 克
月桂葉 1 片

**調味料**

A
番茄醬 5 大匙

B
米酒 2 大匙

C
水 6 杯
鹽 1/4 匙
胡椒適量
白醋 1/4 匙
糖 1/2 匙

162

**備料步驟**

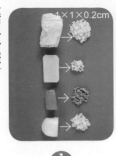

**1**

食材洗淨。馬鈴薯、紅蘿蔔均去皮，洋蔥去頭尾及外皮與高麗菜均切成１×１×0.2公分大小。

**2**

牛肋條洗淨，切成小丁。

**料理步驟**

**1**

鍋中倒入１匙沙拉油燒熱，放入番茄拌炒一下，再加入調味料Ａ番茄醬炒至亮紅。

**2**

再加入洋蔥、馬鈴薯、紅蘿蔔拌炒均勻，加入月桂葉後撈出備用。

**3**

另起一鍋，放入１匙油燒熱，放入牛肋條丁炒至金黃，倒入調味料Ｂ一起拌炒均勻後，倒入深鍋中，並加入調味料Ｃ一起煮滾。

**4**

加入拌炒均勻的番茄醬，煮滾後再將高麗菜加入煮45分鐘即可關火盛出。

── TIPS 主廚不外傳的關鍵祕訣 ──

把番茄醬炒至亮紅，不僅可以讓湯色看起來更美味可口，同時也可以去除一些酸味。

# 04
# 蔥油雞

尋常家常菜的蔥油雞，但肉鮮嫩不柴
蔥油醬更是入口時有滋有味的祕密武器

**材料**
玉米雞一隻（約 1.6k 克）
蔥 50 克
薑 20 克

**調味料**
三奈粉 1/4 匙
香油 1 大匙
胡椒少許
鹽 1 大匙

| | | |
|---|---|---|
| 份量 | 4 人份 | |
| 火力 | 小火 | |
| 時間 | 30 分鐘 | |

**備料步驟**

0.3cm

**1**
食材洗淨。薑去皮，蔥白、蔥綠分開均切成細末。

**2**
將蔥白、薑末放入碗中，倒入燒熱至 140℃ 的半杯油。

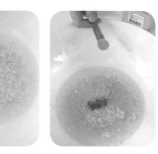

**3**
浸泡 10 分鐘後，加入調味料與蔥綠拌勻，即為蔥油醬備用。

## |料理步驟|

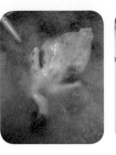

**3** **1**

把雞洗淨後,深鍋中倒入 8L 的水燒開,放入雞汆燙約 10 秒,取出,待 5 秒後再放入滾水中汆燙 10 秒,待水再次煮滾後,將雞放入關小火加蓋泡煮約 20 分鐘,撈起放涼。

**2** **3** **4**

等待的時間,先將砧板、刀具用酒精消毒一遍。

再仔細擦拭乾淨。

沿著雞翅關節部分劃開,取下一側雞翅,另一邊也以同樣方式進行。

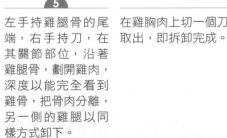

**5** **6**

左手持雞腿骨的尾端,右手持刀,在其關節部位,沿著雞腿骨,劃開雞肉,深度以能完全看到雞骨,把骨肉分離,另一側的雞腿以同樣方式卸下。

在雞胸肉上切一個刀口,斜斜下刀,順著劃開左右兩側,將胸肉取出,即拆卸完成。

**7**

**8**

先切胸肉的部分，均切成 1 指幅寬度的塊狀，大約是 1.6 ～ 2 公分，排入盤中。

接著切雞腿的部分，從關節處下刀，先切成 2 大塊，再均切成約 1 指幅寬度的塊狀，另一隻雞腿也以同樣方式處理。

**9**

**10**

將切好的雞腿整齊的排入盤中。

兩隻雞翅皆從關節處切開。

**11**

**12**

再排入盤中最上方的兩側。

最後均勻淋上蔥油醬即完成。

# 05 酸辣湯

酸來自醋的酸，辣則是胡椒的辣，
是一道非常開胃的湯品

 份量　2 人份
 火力　中火
 時間　15 分鐘

**材料**

豆腐 20 克
鴨血 20 克
筍子 20 克
木耳 20 克
紅蘿蔔 20 克
豬里肌肉 15 克
水 4 杯
蔥 1 支
蛋 1/4 顆
裝飾香菜段 5 克

**調味料**

## A

太白粉 1 匙（水 1 匙）

## B

鹽 1 大匙
糖 1 大匙
烏醋 3 小匙
醬油 1 大匙
白醋 2 小匙
白胡椒適量
太白粉 1 大匙
水大 1 匙

## C

辣油 1/2 匙

—— TIPS 主廚不外傳的關鍵祕訣 ——

酸辣湯有著醋的酸味，也有著胡
椒的辣味，又酸又濃又辣的美
味，成為許多人心中最愛的湯品
之一。而其中又稱黑豆腐的鴨
血，在選購時，以當天製作的為
佳，可以聞聞看，如果有血腥味
的要避免購買。

**1**

食材洗淨。豆腐、鴨血、筍子、木耳與去皮紅蘿蔔均切成細絲。

里肌肉先切片再切成絲，依序加入調味料Ⓐ一起攪拌均勻靜置10分鐘備用。

**2**

鍋中倒入半鍋清水煮滾，放入筍絲、木耳絲、紅蘿蔔絲汆燙後撈出。

**3**

繼續放入豆腐絲、鴨血絲、豬肉絲汆燙、撈出。

**4**

鍋中倒入 4 杯水煮滾,放入筍絲、木耳絲、紅蘿蔔絲,依序加入調味料 B 中的鹽、糖、烏醋、醬油略微拌勻。

**5**

繼續加入剩餘的米酒、胡椒粉,倒入攪拌均勻的太白粉水,再次煮滾加入豆腐絲、鴨血絲、豬肉絲。

**6**　　　　　　　　　　**7**

將攪拌均勻的蛋液拿高一點,淋入湯汁中,拿得越高,淋下的蛋液會越細。

略微攪拌後,加入調味料 C,即可撈出盛碗,最後放上香菜段即完成。

# 06 酸菜下水湯

這是一道國民美食，就算是烹飪新手
也很容易駕馭

| | |
|---|---|
| 份量 | 2 人份 |
| 火力 | 中火 |
| 時間 | 15 分鐘 |

**材料**
雞肝 100 克
雞胗 200 克
酸菜 100 克
薑 1 塊（10 克）
蔥 1 支
水 6 杯

**調味料**
鹽 1/2 匙
糖 1/4 匙
米酒 1 大匙
香油 1/2 匙
胡椒 1/4 匙

**｜備料步驟｜**

**1**

蔥洗淨、切末；薑洗淨、切細絲。

4~6×
0.2~0.4cm

**2**

將酸菜一葉一葉掰下，洗淨後切細絲。

**3**

雞胗切片；雞肝切小塊。

**｜料理步驟｜**

**1**

起一水滾鍋，放入酸菜汆燙約 30 秒，撈出。

**2**

接著放入雞肝、雞胗後，用筷子攪散開來。

**3**

汆燙至肉的表面變色，撈出，放入冷水中沖洗乾淨，撈出後瀝乾水分備用。

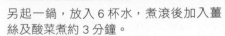

**4**

另起一鍋，放入 6 杯水，煮滾後加入薑絲及酸菜煮約 3 分鐘。

**5**

再加入雞肝、雞胗，依序下調味料的米酒、鹽、糖、胡椒，最後淋上香油，撒上蔥花即可撈出盛入大碗中。

# 07 鯧魚米粉

湯頭鮮味清甜，米粉彈牙不爛，
每一口都讓人回味無窮

| | |
|---|---|
| 份量 | 4 人份 |
| 火力 | 中火 |
| 時間 | 25 分鐘 |

**材料**

鯧魚 1 隻
米粉 1 片
乾香菇 5 克
開陽 5 克
蔥 1/2 支
薑 1 塊（約 10 克）
水 6 杯

**調味料**

A

米酒 1 大匙
鹽 1/8 匙

B

米酒 1 大匙
鹽 1 大匙
糖 1/4 匙
胡椒 1/4 匙

C

香油 1 大匙

## 備料步驟

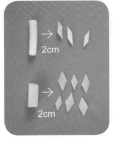

**1**

蔥洗淨、切斜段；薑去皮、切菱形片。

**2**

乾香菇洗淨、泡水，瀝乾水分切絲；開陽洗淨、切末。

**3**

鯧魚洗淨，在身上交叉劃數刀，淋上調味料A中的米酒，倒入鹽，兩面抹勻。

## 料理步驟

**3**

靜置 10 分鐘備用。

**1**

米粉放入熱水中汆燙至軟，撈出備用。

**2**

鍋中倒入 4 杯油，燒熱至 180℃，放入鯧魚炸至定型，撈出，瀝乾油分備用。

**3**

鍋中留下 1 大匙油，放入開陽、香菇、薑片、蔥段一起爆香，加入調味料B中的米酒拌炒一下。

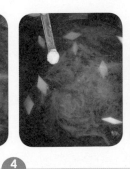

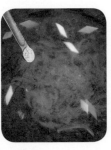

**4**

接著倒入 6 杯水煮滾，加入調味料B剩餘的鹽、糖、胡椒，以及鯧魚米粉燒 15 分鐘。

**5**

最後淋上調味料C即可盛出。

# 08 客家鹹湯圓

把食材爆出香氣，拿捏好火侯
在家就能品嚐到道地美食

| | | |
|---|---|---|
| 份量 | 4 人份 |
| 火力 | 中火 |
| 時間 | 15 分鐘 |

**材料**

湯圓 200 克
五花肉 50 克
乾香菇 1 朵
開陽 5 克
韭菜 2 支（30 克）
芹菜 1 支（20 克）
紅蔥頭 2 顆
香菜 10 克

**調味料**

A

鹽 1/8 匙
糖 1/8 匙
米酒 1/4 匙
香油 1/8 匙
胡椒少許
太白粉 1/4 匙

B

水 2.5 杯
鹽 1 匙
胡椒 1/4 匙

**備料步驟**

**1** 食材洗淨。韭菜切6公分長段；中芹去除葉子切4公分長段；紅蔥頭去頭尾切片；香菜切段。

**2** 開陽洗淨、瀝乾；乾香菇泡軟、瀝乾、切絲。

**3** 五花肉切絲，放入調味料Ⓐ，攪拌後抓醃均勻，靜置10分鐘。

**料理步驟**

**1** 鍋中倒入清水7分滿煮滾，放入湯圓燙煮約3分鐘，浮起即可撈起，泡水沖涼。

**2** 將豬油1大匙放入鍋中，再倒入紅蔥頭、香菇絲、開陽煸香後，加入肉絲炒散。

**3** 先倒入調味料Ⓑ的水，接著放入剩餘調味料。

**4** 煮滾後，放入煮好的湯圓繼續煮，待滾後加入韭菜、中芹拌勻，撒上香菜即可。

# 01 椒麻雞

皮脆肉嫩與椒麻汁中的花椒有著加乘的
美味效果，入口的風味更好。

 份量　2 人份

 火力　中火

 時間　15 分鐘

**材料**

雞腿肉 250 克
辣椒 1 根（10 克）
蒜頭 3 顆（10 克）
香菜適量
高麗菜 30 克
中筋麵粉 1 杯

**調味料**

### A

**醃料**

鹽 1/4 匙
糖 1/4 匙
米酒 1/2 匙
蛋黃 1 顆
胡椒少許

### B

**醬汁**

醬油 2 大匙
白醋 2 大匙
泰國魚露 2 大匙
糖 1 大匙
花椒油 2 大匙
水 4 大匙
蠔油 1 大匙
檸檬汁（1 顆）
花椒粉適量

**| 備料步驟 |**

**①**

食材洗淨。高麗菜切細絲泡生飲水，撈出，排入盤中；香菜切碎；辣椒去蒂、對切去籽切末；蒜頭去頭尾、外皮切末。

**②**

雞腿肉去除多餘油脂，將筋膜去掉，用刀鋒斷筋。

**| 料理步驟 |**

**①**

將雞腿肉放入盤中，加入調味料 **A** 的鹽、糖、米酒、蛋黃、胡椒拌勻。

**②**

靜置 10 分鐘以上，加入中筋麵粉，稍微壓捏一下。

**③**

鍋中倒入 3 杯油燒熱至 160℃，放入雞腿肉油炸，油溫維持在 140 ～ 150℃，炸 7 分鐘後，將油溫升到 180℃ 搶酥，時間約 1 分鐘，即可撈出。

**④**

切塊，放在高麗菜絲上。

**⑤**

將調味料 **B** 中的材料拌勻成魚露醬汁，再將蒜頭、辣椒、香菜、花椒粉下去拌勻。

**⑥**

最後淋在雞腿肉上即完成。

TIPS 主廚不外傳的關鍵祕訣

油炸食物，最重要的就是要吃起來不會有油膩感，看起來有好吃，以及入口時有酥脆的口感，所以「去油」、「上色」、「搶酥」這三大要訣，都要藉由油溫的變化來達成，因此掌控好油溫，是美味的關鍵。

專業大廚不藏私的 5 大必學技法

*Part 4*

*Lesson 5*

炸的技法

# 02 鹹酥雞

吃了會唰嘴的國民美食鹹酥雞
掌握好選肉、醃料、火候，在家就能完美複製

| | |
|---|---|
| 份量 | 4 人份 |
| 火力 | 中火 |
| 時間 | 30 分鐘 |

**材料**
帶骨雞胸肉 300 克
九層塔 1 把（10 克）
蒜頭 4 顆（20 克）

**調味料**
醬油 1 大匙
糖 1/2 匙
胡椒 1/4 匙
五香粉 1/8 匙

178

| 備料步驟 |

① 食材洗淨。九層塔去除莖梗；蒜頭去頭尾、外皮切末。

0.3cm

② 帶骨雞胸肉去除多餘油脂，將筋膜去掉，切塊備用。

| 料理步驟 |

① 將雞肉依序加入調味料醬油、糖，再加入蒜末，以及胡椒、五香粉來提升整體入口時的香氣，讓味道更有層次感。全部加入後，攪拌均勻。建議醃漬時間要久一點，建議可以前一天醃好後放冰箱，更能入味，做出來的口感也會更好。

② 醃好的雞肉倒入地瓜粉中，讓每塊雞肉表面都能均勻蘸裹，靜置約 3 分鐘，避免油炸過程中脫粉。

③ 鍋中倒入 3 杯油加熱至 150℃，可以把九層塔葉丟入鍋中測試，如果丟進後立刻浮起，且周圍呈現小泡泡，即可開始進行油炸。

④ 將雞肉塊放入。

④ 炸至金黃上色時，放入九層塔葉片，等油爆聲變小，就可以撈出、瀝乾油分後盛盤。

── TIPS 主廚不外傳的關鍵祕訣 ──

❶ 購買雞肉時，最好色澤呈現自然粉紅色，且脂肪與肌肉組織分布均勻的肉塊，這樣油炸出來的鹹酥雞不但香味夠，且肉質柔嫩有汁。

❷ 如果油溫過低，很難炸出漂亮的金黃色，而油溫控制不準，就會產生外焦內生的狀況，所以建議新手可以選購一支測溫計，有助掌控好溫度變化。

# 03 南乳雞翅

作法簡單卻有宴客菜的氛圍，外表酥脆
一口咬下滿滿紅糟豆腐乳的香氣

 份量　2 人份
 火力　中火
時間　2.5 小時

**材料**

2 節雞翅 450 克（約 8 隻）
蔥白 1 支（約 4 克）
紅蔥頭 2 顆
香菜梗 8 克
蒜頭 1 個
高麗菜 30 克

**調味料**

**A**

香蒜粉 1/4 匙

**B**

醬油 3/4 匙
紅糟豆腐乳 2 大匙（約 1 塊半）
米酒 4 大匙
鹽 1/2 大匙
太白粉 4 大匙
糖 1 大匙

**C**

地瓜粉 3 大匙
中筋麵粉 6 大匙
水 1/2 杯

── TIPS 主廚不外傳的關鍵祕訣 ──

雞翅炸完第一次的時候，撈出濾油，並且持續加熱讓鍋裡油多餘的水分去掉，等油溫再次上來，放入雞翅再炸一次，就能逼出多餘的油，外表吃起來的口感也會更脆，整體顏色會更漂亮。

| 備料步驟 |

0.3cm

**1**

食材洗淨。蔥白、紅蔥頭、香菜梗、蒜頭均切成末。

4~6×0.2~0.4cm

**2**

高麗菜切細絲泡生飲水，撈出，排入盤中。

| 料理步驟 |

**1**

將雞翅走水，也就是以小水慢慢搓洗，並將表面的毛去除乾淨，撈出後瀝乾水分，依序加入蔥白、蒜頭、紅蔥頭、香菜末及調味料 A 。

**2**

再依序加入調味料 B 中的醬油、紅糟豆腐乳、米酒、鹽等一起攪拌均勻，靜置約 2 小時。

**3**

繼續加入調味料 C 中的地瓜粉、中筋麵粉。

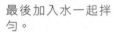

**4**

最後加入水一起拌勻。

**5**

鍋中倒入 3 杯油燒熱至 160℃，放入雞翅油炸，油溫大約維持在 140 ～ 150℃，大約 5 分鐘後，撈出，將油溫升到 180℃再次放入雞翅搶酥，時間約 1 分鐘。

**6**

直到上色均勻即可撈出後瀝乾油分，放在高麗菜絲上即完成。

# 04 香酥花枝條

外表酥脆，裡面鮮嫩爽口，加上辛香料的香氣
讓整體口感有多種層次

份量　4 人份
火力　中火
時間　15 小時

材料　花枝 300 克
　　　辣椒 1 根（約 5 克）
　　　蒜頭 4 顆
　　　蔥綠 1 支

調味料

A
米酒 1 大匙

B
麵粉 100 克
太白粉 10 克
吉士粉 10 克
水 1/2 杯

C
麵粉 150 克
太白粉 150 克
胡椒鹽 20 克

D
胡椒鹽 10 克

182

**備料步驟**

①
食材洗淨。紅辣椒去蒂及籽,與蔥綠、蒜頭均切成末。

②
花枝去除外膜及內臟,清洗乾淨、切成條。

**料理步驟**

①
將花枝放入碗中,先加入調味料A的米酒,用手抓醃一下備用。

②
深碗中倒入調味料B的麵粉、太白粉、吉士粉,以及水,一起攪拌均勻。

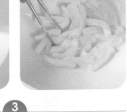

③
倒入花枝條,用筷子攪拌均勻後備用。

④
取一乾淨的碗,倒入調味料C的麵粉、太白粉及胡椒後再一起攪拌均勻。

183

**5**

將花枝條倒入乾粉中，用手攪拌均勻，確認每一條花枝都沾裹上乾粉。

**6**

鍋中倒入 3 杯油燒熱至 150℃，放入花枝條油炸。

**7**

油炸 5 分鐘後，表面呈現金黃酥脆，即可撈出。

**8**

將油倒出，放入蒜頭末、辣椒末、蔥末一起爆炒至香味逸出，即可放入花枝條以及調味料 D 一起拌炒均勻即可撈出盛盤。

# 05 百花油條

將蝦泥裹在油條上下鍋油炸，再淋上醬汁，在家就能做出餐廳級美食

| | |
|---|---|
| 份量 | 4 人份 |
| 火力 | 中火→大火→中火 |
| 時間 | 40 分鐘 |

| 材料 | 調味料 A | B | C |
|---|---|---|---|
| 去殼蝦子 200 克 | 鹽 1/8 匙 | 米酒 1 大匙 | 太白粉、水 各 2 大匙 |
| 油條 1 條 | 米酒 1/8 匙 | 水 1 杯 | |
| 馬蹄 1 個（10 克） | 太白粉 1 大匙 | 蠔油 1 大匙 | |
| 白表（生豬油）20 克 | 香油 1 大匙 | 糖 1/2 匙 | |
| 蒜頭 1 顆（5 克） | | 胡椒 1/8 匙 | |
| 辣椒 1 根（5 克） | | 醬油 1 大匙 | |
| 蔥 1 支（5 克） | | | |
| 韭黃 2 支（20 克） | | | |

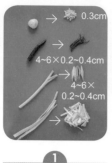    

**1**

食材洗淨。蒜頭切末；辣椒去蒂及籽，與蔥均切絲；韭黃切長段。

油條切成長度約5公分；馬蹄切成碎末；去殼蝦子切成蝦泥。

**3**

準備好白表，也就是生豬油。

**1**

將蝦泥放入深盤中，加入馬蹄末後用筷子攪拌均勻。

**2**

再加入白表，以及調味料 A 中的鹽。

  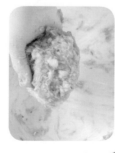 

**2**

繼續加入米酒、太白粉後一起攪拌均勻。

**3**

再將蝦泥摔打出黏性，加入調味料 A 中的香油即成蝦膏。

④ 取一根油條，在一側均勻段抹上蝦膏，其他的油條依序完成。

⑤ 鍋中倒入 3 杯油，燒熱至 100℃，將裹有蝦膏的那一面朝下放入油鍋中炸熟後撈出。

⑥ 將油倒出，留下 1 大匙的油，爆香蒜頭末、辣椒、蔥絲、韭黃，再依序加入調味料B的所有材料。

⑦ 最後淋入拌勻的調味料C煮滾後，放入炸好的油條略拌，即可盛盤。

—— TIPS 主廚不外傳的關鍵祕訣 ——

所謂的白表，就是豬背厚油脂，也就是生豬油，可以在一般的超市購得。

⑧ 淋入煮醬即完成。

# 06 鳳梨蝦球

道地的台式料理，宴客自用兩相宜
在沙拉醬中加優格及檸檬具有解膩效果

| | |
|---|---|
| 份量 | 4 人份 |
| 火力 | 中火 |
| 時間 | 20 分鐘 |

**材料**

奇異果 1/2 顆
小番茄 2 顆
鳳梨罐頭 100 克
（約 6 片）
白蝦 160 克～ 170 克
太白粉 3 大匙
葡萄乾 8 粒
熟白芝麻適量

**調味料**

**A**

美乃滋 3 大匙
糖 1/2 匙
檸檬汁 1/4 顆
無糖優格 1 大匙
鳳梨罐頭水 1/2 匙

**B**

鹽 1/8 匙

—— TIPS 主廚不外傳的關鍵祕訣 ——

蝦子用太白粉抹均勻，用手壓緊
一下可幫助塑形，蝦肉也比較緊
實，吃起來的口感也會比較好。

**備料步驟**

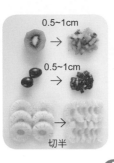

**1**

奇異果去皮切小丁，小番茄洗淨、切小丁，鳳梨罐頭中的鳳梨取出對切一半後排入盤中鋪底備用。

**1**

將調味料 A 中的美乃滋放入碗中，再一一加入檸檬汁、糖、無糖優格、鳳梨罐頭水後攪拌均勻備用，美乃滋與無糖優格的比例可以依照個人喜歡的口味做調整。

**料理步驟**

**2**

蝦子剝殼，在刀背劃一刀，不要太深，以免斷掉，去腸泥，再將水分用擦手紙吸乾，用調味料 B 醃約 5 ～ 10 分鐘。

**3**

蝦子用太白粉抹均勻，用手壓緊一下，其他的蝦子也一一抹上太白粉後備用。

**4**

鍋中倒入 3 杯油燒熱至 140 ～ 160℃，下蝦子炸至金黃色。

**5**

大約 5 分鐘後，撈出，再炸一次搶酥，時間約 1 分鐘後撈出，顏色上會更漂亮。

**6**

將蝦子瀝乾油分之後，放入深碗中，倒入拌勻的優格醬，再倒入奇異果丁、小番茄丁，一起攪拌均勻，用筷子均勻夾在盤子上，將、葡萄乾撒在上面即完成。

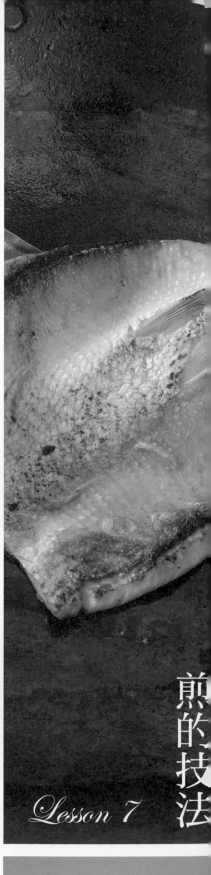

# 不費工、簡單煮，

## 跟大廚學做菜！

新手一次就能學會的烹調技法

## 溜的技法

### Lesson 6

將調味醬汁煮至濃稠，再把經過炸、燒、煮或直接將醬汁淋在食材上

## 煎的技法

### Lesson 7

以少量的油當媒介，將食材貼平在鍋面，經過小火將兩面煎熟

熘的技法

*Lesson 8*

漬的技法

*Lesson 9*

拌的技法

*Lesson 10*

使用二種以上食材一起入鍋燒煮，收汁入味後以勾芡完成菜餚，呈現料多湯少

漬是將經過加熱或消毒的生料或熟食，加上調味料拌勻，多為涼製涼吃

一般用鹽、糖、醋、醬油、香油等，口味可以根據原料的性質，以及食用者的口味習慣等靈活調味。

# 01 咕咾肉

這是糖醋排骨的改良版，
完美複製了酸甜滋味，也滿足大口吃肉的想望

🍽 份量 4 人份
🔥 火力 大火→中火
🕐 時間 15 分鐘

**材料**

梅花肉 200 克
鳳梨 100 克
青椒 1/2 個 35 克
洋蔥 1/6 顆 50 克

**調味料**

**A**

**醃料**

鳳梨汁 1 大匙
鹽 1/2 匙
糖 1/2 匙
米酒 1 大匙
香油 1/2 匙
胡椒少許

**B**

太白粉 2 大匙
吉士粉 1 大匙

**C**

番茄醬 3 大匙
糖 2.5 大匙

**D**

白醋 2.5 大匙
鹽 1/8 小匙

| 備料步驟 |

❶
將鳳梨切成 3 公分的塊狀；青椒洗淨後去蒂及籽，切菱形片；洋蔥去皮、切絲。

❷
梅花肉切成約 3 公分塊狀。

| 料理步驟 |

❶
將梅花肉塊，依序加入調味料Ⓐ中的醃料，一起拌勻後抓醃一下，再拌入調味料Ⓑ。

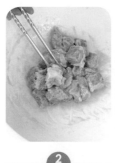

❷
一起攪拌均勻後備用。

❸
鍋中倒入 3 杯油燒熱至 140～160℃後改中火，放入豬肉塊，炸至金黃色，大約 7 分鐘後，撈出，再炸一次搶酥，時間約 1 分鐘後撈出，顏色上會更漂亮。

❹
再放入鳳梨、青椒過油至變色即可撈出，並將熱油倒出。

❺
鍋中留下 1 大匙油，爆香洋蔥，加入調味料Ⓒ炒至糖融化。

❻
再加入調味料Ⓓ以及豬肉、洋蔥略炒，加入青椒、鳳梨，一起拌炒均勻即可。

# 02 黑椒牛柳

口感不柴，充滿黑胡椒香氣的牛柳油油亮亮
讓人食指大動

| | 份量 | 4 人份 |
|---|---|---|
| | 火力 | 中火→大火 |
| | 時間 | 15 分鐘 |

**材料**

牛肉 220 克
西芹 1 支（30 克）
洋蔥 1/4 個（40 克）
辣椒 1 根
蒜頭 1 顆
奶油 10 克

**調味料**

**A**

鹽 1/2 匙
糖 1/2 匙
米酒 1 大匙
胡椒少許
太白粉 2 匙
香油 1/2 匙

**B**

黑胡椒粗粉 1 大匙
蠔油 1 大匙
番茄醬 1 大匙
糖 1.5 大匙
胡椒少許

**C**

米酒 1 大匙
水 1/4 杯
老抽 1/2 匙

**D**

太白粉 1 大匙
水 1 大匙

| 備料步驟 |

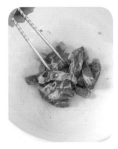

| 料理步驟 |

**1**

食材洗淨。西芹去除粗纖維；紅辣椒去蒂及籽，切長段；蒜頭去頭尾、切片；洋蔥去頭尾、外皮後切條。

**2**

牛肉切成 4～6 公分、長寬 1cm 的條狀，加入調味料 A 拌勻後抓醃，靜置 10 分鐘，醃製牛肉時放入香油一起抓醃，可以讓口感更好，吃起來不會柴。

**1**

鍋中倒入 2 杯油以中火燒至 120℃，放入牛柳過油約 1 分鐘，大約 8 分熟。

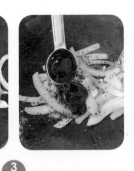

**2**

改開大火後放入西芹、辣椒約 3 秒即可與牛肉一起撈起，並將油倒出。

**3**

留下 1 大匙的油，爆香洋蔥、蒜片，先放入調味料 B 的黑胡椒末，即可繼續加入剩餘調味料，炒至香味逸出，其中糖可以增加牛肉的亮度。

**4**

接著放入調味料 C 中的水煮滾。

**5**

再加入剩餘的調味料。

**6**

最後加入奶油，待融化後倒入調勻的 D 勾芡，再放入牛柳、西芹、辣椒拌勻即可撈出盛盤，這裡加入奶油是為了要增加香氣，但如果牛肉本身質地很好，就可以省略。

# 03 西湖醋魚

西湖醋魚是中餐低溫烹調的代表，魚肉要
熄火燜熟，肉質滑嫩、酸甜適口

| 份量 | 4 人份 |
| 火力 | 小火→中火 |
| 時間 | 35 分鐘 |

**材料**

草魚中段 500 克
蔥 2 支
薑 80 克
香菜 5 克

**調味料**

**A**

醬油 1 大匙
紹興酒 1 大匙
鎮江醋 2 大匙
糖 3 大匙
鹽 1/2 匙

**B**

太白粉 2 大匙
水 3 大匙

**備料步驟**

**①** 食材洗淨。香菜切段；薑 30 克切片、50 克切絲；蔥切長段。

**②** 草魚去龍骨，即可分割成 2 片。

**③** 從背部劃刀，切佛手刀。

**料理步驟**

**①** 鍋中倒入 8 杯水，不能用高湯，以免土味更重。放入蔥段、薑片，再加入鹽 1 匙〈份量外〉煮滾，將火轉到最小，放入草魚後蓋上鍋蓋，泡 25 分鐘，確認煮熟。

**②** 將煮熟的草魚撈出，煮魚的高湯舀出 1 杯備用。

**③** 鍋中放入油 1 大匙燒熱，放入 40 克的薑絲爆香，倒入 1 杯煮魚的高湯，以及調味料 A 煮滾。

**④** 倒入調勻的調味料 B 煮滾，勾成芡汁淋在魚上，撒上薑絲 10 克及香菜即可。

# 04
# 西魯肉

是一道傳統的北京風味菜餚，醬香濃郁，口味鹹甜適中。

**材料**

大白菜 900 克

開陽（蝦米）5 克

乾蔥 10 克

豬里肌 20 克

紅蘿蔔 1 小塊（10 克）

筍一小塊（10 克）

蒜頭 1 顆

紅蔥頭 1 顆

雞蛋 1 個

乾香菇 2 朵

扁魚乾 1 片

水 2 杯

**調味料**

**A**

米酒 1 大匙

鹽 1/2 匙

糖 1/4 匙

大地魚粉 1 大匙

**B**

太白粉、水各 2 大匙

**C**

香油 1 大匙

—— TIPS 主廚不外傳的關鍵祕訣 ——

扁魚乾經過油炸壓碎，放入白菜裡就能把鮮味完整發揮出來，讓湯頭入口時的滋味更鮮甜。

| 份量 | 4 人份 |
| 火力 | 中火→大火 |
| 時間 | 16 分鐘 |

**備料步驟**

1

食材洗淨。蒜頭去頭、切末；紅蔥頭切片；紅蘿蔔去皮、切水花（見 p.　）。大白菜洗淨、切除頭部，切長條狀。

2

乾香菇泡開，切條狀；筍子切成水花薄片備用（見 p.　）。

**③**
豬里肌切絲，開陽切末備用。

**①**
鍋中倒入 2 杯油，放入扁魚乾炸至捲曲金黃，撈出、瀝乾油分，切成碎末備用。

**②**
鍋中放入水八分滿煮滾，先放入大白菜。

**③**
再倒入紅蘿蔔、香菇、筍片一起汆燙至大白菜略微變軟，即可撈出。

**④**
再放入豬肉絲汆燙至肉變成白色，撈出後瀝乾水分。

**⑤**
將雞蛋打入碗中。用筷子攪拌均勻。

**⑥**
鍋中倒入 1 杯油以中火燒熱至 100℃，將蛋液倒入並且快速攪拌。

**7**
持續攪拌。

**8**
直到呈現金黃，撈出備用。

**9**
鍋中倒入開陽、蒜頭末、紅蔥頭末、扁魚乾、乾蔥爆香，炒香後再加入調味料中的米酒。

**8**
繼續加入鹽、糖、大地魚粉，再倒入水。

**9**
加入燙過的大白菜、紅蘿蔔、香菇、筍片拌炒一下。

**10**
繼續放入肉絲以大火煮滾約 5 分鐘。

**11**
倒入調味料 B 的太白粉水勾芡拌勻，最後再淋上調味料 C，起鍋後將蛋酥均勻撒在菜上即可。

| 份量 | 4 人份 |
|---|---|
| 火力 | 中火 |
| 時間 | 20 分鐘 |

**材料**

| 蒜頭 2 顆 | 皮蛋 1 顆 |
|---|---|
| 莧菜 300 克 | 鹹蛋 1 顆 |

**調味料**

| A | B |
|---|---|
| 米酒 1 大匙 | 太白粉、水 |
| 水 1 杯 | 各 2 大匙 |
| 鹽 1/2 匙 | |
| 糖 1/4 匙 | |
| 香油 1/2 匙 | |

## 05 金銀蛋莧菜

金銀蛋就是皮蛋與鹹蛋，與莧菜一起烹煮，滋味更為豐富。

|備料步驟|

**1**

蒜頭洗淨、去頭尾及外皮，切片；莧菜洗淨、切成長段備用。

|料理步驟|

**2**

鹹蛋與皮蛋放入蒸鍋中蒸 10 分鐘後取出，沖涼，去殼。鹹蛋與皮蛋均切成丁狀備用。

**1**

鍋中倒入清水煮滾，放入莧菜汆燙至變色，撈出後瀝乾水分。

**2**

鍋中放入 1 匙的油，將蒜片炸至金黃，再放入莧菜、所有調味料以及一半皮蛋、一半鹹蛋炒勻後，撈出盛盤。

**3**

倒入剩下的皮蛋、鹹蛋，再加入調勻的調味料B勾芡，撈出淋在莧菜上即可。

| 份量 | 2 人份 |
| --- | --- |
| 火力 | 小火→中火 |
| 時間 | 10 分鐘 |

**材料** 虱目魚肚 1 片

**調味料** 米酒 1/2 匙
鹽 1/8 小匙

—— TIPS 主廚不外傳的關鍵祕訣 ——

❶ 煎虱目魚肚時，會因為遇熱油而釋出多餘水產生油爆現象，所以建議要蓋上鍋蓋燜煎，以免被熱油噴到。

❷ 如果特別喜歡帶著脆脆口感的話，可以再翻回魚皮面繼續熱煎約 1～2 分鐘即可。

# 01 乾煎魚肚

**備料步驟**

**1**

虱目魚肚洗淨，用紙巾擦乾水分，再淋上調味料中的米酒、鹽去除腥味。

**料理步驟**

**1**

以大火乾燒鍋子至高溫，倒入 3 大匙的油後晃動一下鍋子，均勻的把熱油分布在整個鍋面，倒出剩油後轉中火，虱目魚以魚皮面朝下的方式入鍋。

**2**

蓋上鍋蓋煎 2～3 分鐘，等有聞到香味後，輕晃鍋子，如果魚片可以滑動，就可以進行翻面，續煎確定煎熟就可以起鍋。

# 02 魚香烘蛋

膨鬆的雞蛋，加上香辣的肉醬，完全征服挑剔的味蕾。

| 🍽 份量 | 4 人份 |
| --- | --- |
| 🔥 火力 | 小火→中火 |
| 🕐 時間 | 20 分鐘 |

**材料**
豬絞肉 70 克
蔥 1 支（約 10 克）
薑 1 塊（約 10 克）
蒜頭 3 個（約 15 克）
水 1/2 杯
蛋 4 個

**調味料**

**A**
辣豆瓣 2 匙

**B**
醬油 1 大匙
米酒 1 大匙
糖 1/4 匙
胡椒 1/8 匙
醬油 1 大匙

**C**
太白粉 1 大匙
水 1 大匙

**1**

蔥洗淨、切末；薑去皮、切末；蒜頭去頭尾及外皮、切成末。

**2**

打蛋時先打入小碗中，再倒入大碗，等全部的蛋都打入碗中，用力的攪拌均勻，把空氣打入，這樣做出來的蛋會更膨鬆。

**1**

鍋中倒入半杯油燒至 120℃ 轉小火，將蛋液倒入，周圍膨鬆後，中心用筷子攪拌，把周圍多餘的油淋至中心使其凝固後翻面。

**2**

改中火將油逼出至熟即可撈出、瀝油。

**3**

放入絞肉後，先略微煎香至變色。

**3**

再翻面煎出香氣。

**4**

再依序加入蒜末、蔥末、薑末，再加入辣豆瓣、辣椒炒香，把辣度與香氣帶出來。

**5**

加入調味料 B 中的醬油、米酒略煮後，再倒入水。

**6**

煮滾後，加入剩餘的調味料，最後倒入拌勻的調味料 C 攪拌均勻，即可撈出淋在蛋上即完成。

—— TIPS 主廚不外傳的關鍵祕訣 ——

❶ 打蛋時先打入小碗，再倒入大碗裡，是為了確保蛋的新鮮與否。

❷ 蛋要取出前要將火力改成中火，讓溫度升高，可以逼出蛋裡面過多的油，吃起來也比較不會膩口。

# 03 菜脯蛋

這道菜經常出現在日常的餐桌上，菜脯特殊的香氣
有著古早味的印記

| | |
|---|---|
| 份量 | 4 人份 |
| 火力 | 中火→小火→中火 |
| 時間 | 10 分鐘 |

**材料**
菜脯 40 克
蛋 5 顆
蔥 10 克

**調味料**
鹽 1/4 匙

**備料步驟**

① 菜脯洗淨、切末；蔥洗淨、切末。

**料理步驟**

① 鍋中倒入 2 杯水煮滾，放入菜脯汆燙約 2 分鐘，撈出、瀝乾水分。

② 鍋中倒入 1 匙油燒熱，放入菜脯炒至有聞到香味，撈出，待涼。

③ 將菜脯、蔥末一起放到碗中，打蛋時先打入小碗中，再倒入菜脯、蔥末裡，略拌後加入調味料一起攪拌均勻。

④ 鍋中放入半杯油燒至 120℃後轉小火，將蛋液分次倒入中心攪拌，利用多餘的油淋至中心慢慢凝固。

⑤ 翻面後，改中火逼油至熟，撈出瀝油即可。

── TIPS 主廚不外傳的關鍵祕訣 ──

因市售菜脯的品牌眾多，在鹹度上也會有所差異，尤其如果是在傳統市場買的，鹹度上可能會更重一些，因此若買的菜脯口感上稍微鹹一些，就要多洗幾次，或是浸泡一下來降低鹹度，以免影響入口時的口感。

# 01 茄汁豬排

帶甜味的洋蔥番茄醬豬排，不只是大人也深受小朋友的喜愛

| 份量 | 4 人份 |
| 火力 | 中火→小火 |
| 時間 | 25 分鐘 |

**材料**

豬里肌 250 克
洋蔥 1/2 顆（150 克）
裝飾香菜少許

**調味料**

### A

鹽 1/2 匙
糖 1/2 匙
米酒 1/2 匙
香油 1/2 匙
胡椒少許
太白粉 2 匙

### B

番茄醬 3 大匙
糖 2.5 大匙

### C

水 1 杯
鹽 1/2 匙
白醋 1 大匙

### D

太白粉 1/2 匙
水 1 大匙
香油 1 大匙

—— TIPS 主廚不外傳的關鍵祕訣 ——

糖醋與茄汁的不同主要在於烹調工法。糖醋是「炒溜」，而茄汁是「燒燴」，但使用的調味料幾乎都一樣。

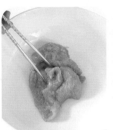

**1** 洋蔥洗淨,去除頭尾及外皮,切成細絲備用。

**2** 豬里肌切成約 1 公分的厚度,用槌肉器把肉的組織充分拍鬆。

**3** 放入碗中,加入調味料 A 中的所有材料拌勻,把里肌肉醃入味,約 15 分鐘。

**1** 將鍋子燒熱,倒入 2 大匙的油後晃動一下鍋子,均勻的把熱油分布在鍋面,放入豬排。

**2** 煎到上色撈起。

**3** 用剩餘的油小火炒洋蔥,把洋蔥炒軟。

**4** 加入調味料 B 的番茄醬、糖,一起拌炒至糖融化。

**5** 再加入調味料 C 中的水、鹽、白醋、香油,以大火煮滾。

**6** 倒入豬排後改小火,燒至入味,把 D 料中的太白粉與水調勻淋入勾芡,最後淋上香油,放上裝飾香菜即可。

# 02 咖哩小排

濃而不膩，帶著淡淡椰香與蘋果甜味的
小排，深獲咖哩控的喜愛

| | | |
|---|---|---|
| 份量 | 4 人份 |
| 火力 | 中火→小火 |
| 時間 | 30 分鐘 |

| 材料 | 調味料 | A | B | C |
|---|---|---|---|---|
| 豬腩排（五花肋排）500 克 | | 米酒 2 大匙 | 咖哩粉 100 克 | 水 5 杯 |
| 馬鈴薯 200 克 | | 醬油 1 大匙 | | 糖 2 匙 |
| 洋蔥 100 克 | | | | 椰漿 2 大匙 |
| 紅蘿蔔 200 克 | | | | 太白粉水 1 大匙 |
| 蘋果 70 克 | | | | |

**備料步驟**

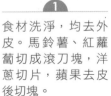

① 食材洗淨，均去外皮。馬鈴薯、紅蘿蔔切成滾刀塊，洋蔥切片，蘋果去皮後切塊。

② 豬腩排洗淨、切成約 3 公分的方塊，加入調味料 A 醃 10 分鐘備用。

**TIPS 主廚不外傳的關鍵祕訣**

❶ 馬鈴薯與紅蘿蔔切成滾刀塊的大小，要與豬腩排大小一致，這樣燒煮出來的樣子會比較好看。

❷ 將咖哩粉炒出香氣能增加整道菜的風味，讓咖哩更好吃。

❸ 以中小火煮滾，透過這樣的燒煮過程，不但可以把香氣完全釋放出來，也可以讓整體湯汁更濃郁香醇。

**料理步驟**

① 鍋中倒入 3 杯油燒熱至 160℃，放入馬鈴薯塊油炸，油溫維持在 140～150℃，炸 5 分鐘定型即可撈出。

② 接著放入紅蘿蔔塊油炸至定型，撈出、瀝乾油分備用。

③ 熱油鍋中再放入豬腩排炸至定型，撈出後瀝乾油分備用，並把熱油倒出，只留 1 大匙的油在鍋裡。

④ 先放入洋蔥，再倒入調味料 B 中的咖哩粉一起拌炒，炒咖哩粉時記得要以小火進行，以免產生苦味。

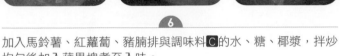

⑤ 炒到香味逸出。

⑥ 加入馬鈴薯、紅蘿蔔、豬腩排與調味料 C 的水、糖、椰漿，拌炒均勻後加入蘋果塊煮至入味。

⑦ 最後淋入調勻的太白粉水即可。

# 03 雪菜魚片

這道菜帶有古早味
每一口都有濃濃的復古滋味

 份量　4 人份

 火力　中火

 時間　20 分鐘

**材料**

潮鯛 200 克
老雪菜 100 克（切完
剩約 60 克）
竹筍 50 克
蔥白 1/2 支（約 5 克）
薑 1 塊（約 10 克）
辣椒 1/2 支

**調味料**

## A

鹽 1/2 匙
糖 1/2 匙
米酒 1/2 匙
香油 1/2 匙
胡椒少許
太白粉 2 大匙

## B

水 1 杯
鹽 1/2 匙
胡椒少許
米酒 1 大匙

## C

太白粉 1/2 匙
水 1 大匙

## D

香油 1 大匙

—— TIPS 主廚不外傳的關鍵祕訣 ——

市售雪菜因為各家在製作過程中
添加的鹽分有很大的差異，所以
鹹度也不盡相同，烹調前都要事
先泡水去除一些鹽分，料理出來
的菜色才不至於過鹹，尤其如果
買到的是高鹹度的雪菜，建議一
定要多漂洗幾次。

**1**

食材洗淨。竹筍切片、雪菜去除老葉、切細末。

**2**

蔥白洗淨、切段；薑去皮、辣椒去蒂及籽，均切成菱形片。

**3**

潮鯛切成約 0.8 公分厚的片狀，放入碗中，加入調味料 **A** 拌醃，靜置約 10 分鐘。

**1**

鍋中倒入 2 杯油，燒熱至 120℃，放入醃好的魚片過油。

**2**

魚片顏色變白，即可撈出、瀝乾油分。

**3**

鍋中留下 1 大匙的油燒熱，放入薑片、蔥白爆炒至有聞到香味，即可放入雪菜、紅辣椒片、筍片一起拌炒均勻。

**4**

接著倒入調味料 **B**，拌炒煮滾。

**5**

放入魚片一起燒煮至入味。

**6**

最後倒入拌勻的調味料 **C** 勾芡，淋上調味料 **D** 即可。

# 04 蔭豉鮮蚵

豆豉鹹鮮的口感，伴隨著鮮蚵
咀嚼起來滿是甘香可口，別具風味

| | 份量 | 4 人份 |
|---|---|---|
| | 火力 | 中火 |
| | 時間 | 15 分鐘 |

**材料**

豆豉 10 克
蚵 150 克
蔥 1 支（約 10 克）
薑 1 塊（約 10 克）
辣椒 1/2 支
蒜頭 1 顆（約 5 克）
豆腐 1 盒
鹽 1 大匙

**調味料**

A

米酒 1 大匙
胡椒 1/4 匙
醬油膏 1 大匙
糖 1/2 匙
醬油 1 大匙
水 1 杯

B

太白粉 1/2 匙
水 1 大匙

**備料步驟**

①
蔥洗淨，一半切段、一半切絲；薑去皮，切成菱形片；辣椒去蒂及籽切末。

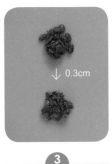

②
豆腐切成約 1 公分的丁狀，放入碗中備用。

③
豆豉洗淨、瀝乾水分、切碎。

④
蚵放入碗中，倒入熱水浸泡，靜置約 10 分鐘，瀝乾備用。

**料理步驟**

①
煮一鍋滾水，加入鹽，放入豆腐汆燙約 1 分鐘，撈出、瀝乾水分備用。

②
鍋中放入 1 大匙油燒熱，放入蔥段、蒜末、豆豉、辣椒末一起爆香。

③
依序加入調味料中的米酒、胡椒、醬油膏、糖、醬油。

③
最後加入水。

④
再加入豆腐、蚵燒一起攪拌均勻燒煮約 3 分鐘至豆腐入味。

⑤
最後倒入拌勻的調味料 B 勾芡，放上蔥絲即完成。

# 05 蟹黃角瓜

不需要繁複的烹調方式，更不用過多的調味
蟹黃、南瓜泥、角瓜構成絕佳的美食

**材料**
角瓜 200 克
螃蟹 350 克
薑 1 塊（約 10 克）
南瓜泥 1 大匙
蔥 1 支

**調味料**

A
米酒 1/2 匙

B
鹽 1/4 匙
糖 1/2 匙
水 1/2 杯
沙拉油 1 大匙

C
太白粉 1/2 大匙
水 1 大匙

216

**備料步驟**

❶
角瓜洗淨，先去除頭尾，對切一半。

❷
將角瓜的皮用削皮器削除。

❸
先對切一半、去籽後，再對切一半成6公分的長段。

❹
薑去皮後切菱形片，蔥洗淨切段。

❺
螃蟹刷洗乾淨，自尾部用力向兩側掰開，取出蟹蓋內的砂囊，修去頭鬚及肺腮，再次沖洗乾淨。

**料理步驟**

❺
取出蟹黃加入米酒、蔥段、一半的薑片醃一下備用。

❶
把剩下的蟹肉放入蒸鍋中，以大火蒸熟後取出。

❷
將蟹身剪開，取出蟹肉備用。

❸
鍋中放入半鍋水煮滾，加入1匙的油以1/2匙的鹽（份量外）。

❹
再倒入角瓜汆燙約1分鐘後撈起，放入盤底。

❺
鍋中倒入1匙的油燒熱，放入薑片爆香。

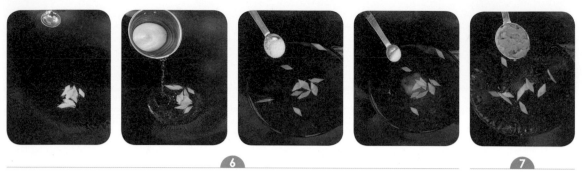

**6** 再依序加入調味料 **B** 中的沙拉油、水糖、鹽煮滾。

**7** 再加入南瓜泥煮滾。

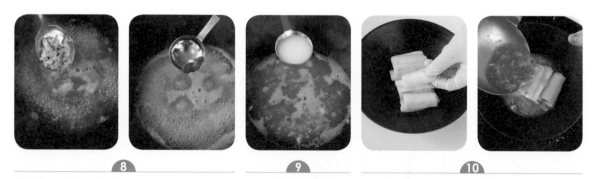

**8** 繼續加入蟹肉、蟹黃。

**9** 倒入調勻的 **C** 料太白粉水煮滾。

**10** 將角瓜排入深盤中，再淋入湯汁即完成。

TIPS 主廚不外傳的關鍵祕訣

南瓜泥可在超市買到冷凍的，可用來增加色澤，紅蘿蔔亦可。

# 06 蟹黃豆腐

餐廳點菜率高的蟹黃豆腐，可以在家做做看，
就連挑食的孩子也愛不釋口

🍽️ **份量** 4 人份

🔥 **火力** 大火→小火

🕐 **時間** 25 分鐘

**材料**

中華嫩豆腐 1 盒
蔥 1/2 支
蒜頭 1 顆
薑 1 塊（約 5 克）
**蟹黃料**（4 份）
洋蔥 70 克
紅蘿蔔 70 克
鹹蛋黃 2 顆
蟹腿肉 200 克

**調味料**

**A**

米酒 1 匙
魚露 1 大匙
水 1 杯
鹽 1/4 匙

**B**

太白粉 1/2 匙
水 1 大匙

219

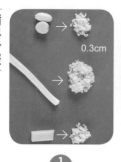  

**1**　食材洗淨。蒜頭去除頭尾及外皮，薑去除外皮，與蔥均切末。

**2**　紅蘿蔔去皮、洋蔥去頭尾及外皮，切細末。

**3**　豆腐取出，瀝乾水分、切片。

 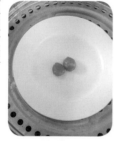 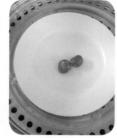   

**1**　鹹蛋黃放入蒸鍋中大火蒸 10 分鐘，取出後切細末。

**2**　鍋中倒入 4 杯水煮滾，放入蟹肉以及 1 大匙的白醋。

**3**　以小火煮至水滾後，將蟹肉撈起放涼後捏碎。

**4**　鍋中倒入半杯油燒熱，先以中火爆香洋蔥。

**5**　再改小火炒香紅蘿蔔，放入蟹肉。

**6**

再倒入鹹蛋黃，一起拌炒均勻，撈起後即為**蟹黃**可分為 4 份，放入冷凍保存。

**7**

爆香薑末、蔥白末、蒜末，加入一份蟹黃料，以小火略炒。

**8**

加入調味料 Ａ、豆腐片，燒煮約 5 分鐘。

**9**

待收汁後加入調勻的調味料 Ｂ 勾芡，最後撒上蔥花即可盛盤。

── TIPS 主廚不外傳的關鍵祕訣 ──

❶ 蟹肉使用白醋的去腥效果會比米酒更好。

❷ 紅蘿蔔末經過小火慢煮，會有綿密的口感，與嫩豆腐的柔軟，意外的相融。

❸ 以紅蘿蔔與鹹蛋黃炒製而成的蟹黃是另一種蟹黃呈現的方式。

# 07 麻婆豆腐

麻婆豆腐是正宗的川味代表
對於喜歡吃辣的人來說，是人間美味

| | | |
|---|---|---|
| 份量 | 4 人份 | |
| 火力 | 中火→小火 | |
| 時間 | 15 分鐘 | |

**材料**

中華板豆腐 1 盒
絞肉 80 克
蔥 1 支
薑 10 克
蒜頭 1 顆
辣椒 1 根

**調味料**

**A**

哈哈辣豆瓣 1 大匙
醬油 1 匙
糖 2 匙

**B**

胡椒少許
米酒 1 大匙
鹽 1/4 匙
水 1.5 杯

**C**

太白粉 2 大匙
水 2 匙（較濃）
太白粉 1 大匙
水 2 匙（較稀）

**D**

花椒粉 1/4 匙

── TIPS 主廚不外傳的關鍵祕訣 ──

燙豆腐加入鹽，可去除豆酸味，
並且可增加硬度，在炒的過程中
比較不易碎掉。

**備料步驟**

**1**

食材洗淨。蔥白與蔥綠分開後切末；薑去皮、辣椒去蒂及籽，與蒜頭均切成末。

**2**

豆腐切塊，絞肉再切小丁。

**料理步驟**

**1**

鍋中倒入 4 杯水燒開，加鹽 1 大匙〈份量外〉，放入豆腐煮 1 分鐘，燙煮好撈起瀝乾。

**2**

鍋中倒入 1 大匙的油燒熱，放入絞肉後，先略微煎香至變色，再翻面煎出香氣後炒散。

**3**

再依序加入蒜末、蔥末、薑末、辣椒一起拌炒均勻。

**4**

再加入調味料 A 哈哈辣豆瓣炒香，把辣度與香氣帶出。

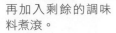

**4**

再加入剩餘的調味料煮滾。

**5**

再放入調味 B、豆腐燒滾後轉小火繼續燒 8 分鐘至入味。

**6**

小火先加入調味料 C 中用濃芡水勾芡使湯汁濃稠，改開大火，以搖晃鍋子的方式再用稀芡水打一次亮芡即可撈出盛盤。

**7**

最後撒上調味料 D 及蔥花即可。

# 01 紹興醉雞

紹興醉雞簡單做、切塊,再稍微擺盤後
就能美味到讓人驚艷

| 份量 | 4 人份 |
| 火力 | 中火 |
| 時間 | 66 分鐘 |

**材料**
去骨仿土雞腿 1 隻
(600 克)
枸杞 2 克
花椒粒 2 克
八角 1 克
當歸 1 克
甘草 2 克
紅棗 1 個

**調味料**

A
鹽 1/4 匙

B
熱開水 120 克
糖 16 克

C
紹興酒 120 克
衛生冰塊 80 克
魚露 100 克
米酒 120 克

**備料步驟**

❶ 將去骨雞腿肉較厚的部位用刀劃開，在肉面劃幾刀，可以幫助斷筋，讓厚度平均。

❷ 均勻的塗抹上抹上調味料 Ⓐ 的鹽後，略微按壓一下。

**料理步驟**

❶ 準備一張鋁箔紙平鋪，去骨雞腿肉肉面朝上，放入鋁箔紙中，將雞肉邊捲邊壓的方式捲起，左右兩邊也要捲好收起。

❷ 再以鋁箔紙將雞肉卷捲起，先將兩側捲好收起，包裹成長條形肉卷。

❸ 另一側也收好。

❹ 入蒸鍋中，以中火蒸約 40 分鐘蒸熟後取出。取出浸泡至冰水中，等冷卻後剝除鋁箔紙。

❺ 碗中倒入調味料 Ⓑ 以及所有中藥材，浸泡 15 分鐘。

225

**5**

加入調味 C 中的紹興酒、衛生冰塊、米酒、魚露，全部攪拌均勻。

**6**

再將雞卷的鋁箔紙拆開後放入浸泡約 48 小時至完全入味。

**7**

取出後，切成片狀即可。

─── TIPS 主廚不外傳的關鍵祕訣 ───

❶ 這是一道利用米酒與紹興酒混搭製成的菜式，加上少許的中藥材，以雞本身的香味配上淡淡的醇酒香氣，所以要避免用太強烈的洋酒來做。

❷ 紹興醉雞可以說是宴客或者做為年菜最佳的菜餚之一，料理工序不複雜，只要事先做好，要吃的時候從冰箱拿出來切片、擺盤，就是一道讓人食指大動的料理。

226

# 02
# 梅汁番茄

經過醃漬後的小番茄酸酸甜甜的口感，與紫蘇梅特殊的風味很搭。

**材料** 小番茄 200 克
紫蘇梅 65 克

**調味料** 白醋 20 克
糖 25 克

**份量** 4 人份
**火力** 中火
**時間** 10 分鐘

## 料理步驟

**1**
紫蘇梅去籽、切小塊；小番茄洗淨、去蒂，瀝乾水分。

**2**
鍋中倒入 3 杯油加熱至 180℃，可以把九層塔葉丟入鍋中測試，如果丟進後立刻浮起，且周圍呈現大泡泡，即可將小番茄放入進行油炸約 10 秒。

**3**
油炸好的小番茄以冷水沖洗，瀝乾後把皮剝掉。

**4**
將所有調味料及番茄倒入容器中醃 2 天即可食用。

227

# 03 廣東泡菜

酸酸甜甜又爽脆的口感
是盛夏時光最美味的開胃菜

| | | |
|---|---|---|
| 份量 | 4 人份 | |
| 火力 | 中火 | |
| 時間 | 15 分鐘 | |

**材料**

紅蘿蔔 300 克
白蘿蔔 300 克
小黃瓜 50 克
辣椒 1/2 根（5 克）
檸檬 1/4 顆
話梅 1 顆
蕎頭 10 克
生飲水 1 杯

**調味料**

A

1/4 匙鹽

B

水 1/2 杯
冰糖 50 克
白醋 0.5 杯

—— TIPS 主廚不外傳的關鍵祕訣 ——

將紅蘿蔔、白蘿蔔、小黃瓜切成
菱形片，可以增加食材與醃汁接
觸的面積，有助於食材更容易入
味，縮短製作時間。

| 備料步驟 | 料理步驟 |

**1**

紅蘿蔔與白蘿蔔均去皮，小黃瓜洗淨去除頭尾，辣椒洗淨、去蒂及籽均切成菱形片；檸檬切片。

**1**

將白蘿蔔、紅蘿蔔、小黃瓜放入碗中，加入調味料 A 的鹽殺青，抓醃靜置至少 30 分鐘。

**2**

用生飲水洗淨後瀝乾水分。

**3**

鍋中倒入調味料 B 的所有材料，煮滾至冰糖融化後倒入深盤中放涼。

**4**

依序放入辣椒片、檸檬片、檸檬片、話梅。

**5**

最後加入蕎頭拌勻。

**6**

再倒入紅蘿蔔、白蘿蔔、小黃瓜，醃漬浸泡約 1 天即可食用。

# 04 味噌小黃瓜

去油又解膩的味噌小黃瓜
吃進去的每一口都會回甘

份量 2 人份
火力 火
時間 15 小時

**材料**
小黃瓜 3 根
辣椒絲 2 克

**調味料**

A
味噌 5 大匙
米酒 1 大匙
糖 2 大匙
生飲水 1/2 杯

B
鹽 1 大匙

**|備料步驟|**

↓ 6cm

①
小黃瓜洗淨後去除
頭尾,切成約 6 公
分的長度。

**|料理步驟|**

**1**

將調味料Ａ中的味噌放入碗中，依序加入米酒、糖以及生飲水。

**2**

攪拌均勻，直到味噌完全沒有顆粒為止，做成醃汁備用。

**3**

小黃瓜放入調味料Ｂ用鹽抓醃後靜置約約 10 分鐘。

**4**

將小黃瓜由外向內片開不切斷。

**5**

切好的小黃瓜放入醃汁中浸泡一天。

**6**

取出後切成小段，即可排入盤中，最後放入辣椒絲裝飾即可。

# 05 鹹蜆仔

這是一道自帶古早味記憶的料理，鹹鮮味十足
讓人欲罷不能

| | | |
|---|---|---|
| 份量 | | 4 人份 |
| 火力 | | 小火 |
| 時間 | | 15 分鐘 |

**材料**
蜆仔 200 克
辣椒片 5 克
蒜片 37 克
薑片 37 克
檸檬片 1/4 顆
話梅 2 顆
甘草 1/2 片
草果 1 顆
生飲水 1 杯

**調味料**

**A**
醬油 3 大匙
醬油膏 2 大匙
米酒 1 大匙
糖 1/2 匙

**B**
鹽 1 大匙

| 備料步驟 | | 料理步驟 | |

**1**

將話梅、甘草片及草果準備好。

**1**

碗中先放入蒜片、薑片、檸檬片、辣椒片再放入話梅、甘草、草果。

**2**

加入生飲水，再依序加入調味料A中的醬油。

**2**

糖、醬油膏及米酒，一起攪拌成醃汁備用。

**3**

鍋中倒入適量清水，放入蜆仔，水量要蓋過蜆仔，加入調味料B，以小火煮至蜆仔微開，這是為了保持蜆肉的鮮美，所以燙至殼略開即可，水溫大約是 60℃。

**4**

將蜆仔撈出、瀝乾。

**4**

泡入冰水中約 10 分鐘。

**5**

蜆仔撈出後瀝乾水分，放入醃汁中，泡一天即可食用。

── TIPS 主廚不外傳的關鍵祕訣 ──

做這道料理最重要的就是蜆仔的鮮嫩程度，以及汆燙的時間、水的溫度也相當重要，要避免的是汆燙時間過久，或者溫度過高而失去蜆仔的鮮美原味。

# 01 麻辣雞胗

味道麻辣帶香甜，爽脆彈牙又開胃，是絕好的前菜和下酒菜。

 **份量** 4 人份

 **火力** 中火

 **時間** 15 分鐘

**材料**

雞胗 300 克
蔥 1 支（10 克）
辣椒 1 根（5 克）
蒜頭 3 顆（20 克）
薑片 5 克

**調味料**

**A**

米酒 1 匙

**B**

鹽 1/2 匙
老干媽辣椒醬 1 大匙
白醋 1 小匙
辣油 1 大匙
米酒 1 大匙
水 1 杯
糖 1 大匙
胡椒 1/8 匙
花椒粉 2 克

234

**|備料步驟|**

**①**

食材洗淨。辣椒去蒂及籽、蒜頭去頭尾及外皮，與蔥均切成末。

**|料理步驟|**

**①**

鍋中倒入適量清水煮滾後放入雞胗、薑片及調味料Ⓐ汆燙，至雞胗熟透，撈出、待冷卻後切片。

── TIPS 主廚不外傳的關鍵祕訣 ──

如果買回來的雞胗表面有黃色的表皮或肥油，一定要去除乾淨後再用水洗乾淨，且裡外都要翻洗乾淨。

**②**

依序加入調味料Ⓑ中的鹽、老干媽辣椒醬、白醋、辣油、米酒、水、糖、胡椒、花椒粉。

**③**

接著加入蒜頭末、辣椒末、蔥花末。

**④**

將所有材料一起抓拌均勻至入味即可。

# 02 雞絲拉皮

在炎炎夏日沒有任何食欲的時候
這是一道能開胃又飽足的料理

| | | |
|---|---|---|
| 份量 | 4 人份 |
| 火力 | 中火 |
| 時間 | 25 分鐘 |

**材料**

雞胸 250 克
小黃瓜 50 克
薑 1 塊（5 克）
蔥 1 支（10 克）
辣椒 1 根（5 克）
粉皮 150 克
香菜段 5 克

**調味料**

A

芝麻醬 1 大匙
糖 1/4 匙
白醋 1 大匙
辣油 1 大匙
香油 1 大匙
水 2 大匙

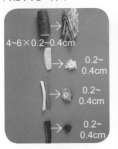

①

食材洗淨。小黃瓜切細絲；薑去皮與蔥均切末；辣椒去蒂及籽切末。

②

粉皮切成寬 1 公分的長條備用。

①

鍋中倒入適量的清水煮滾，放入粉皮汆燙至熟，撈出、待冷卻後放入盤中。

②

雞胸肉先放入清水中，加入 1 匙的鹽（份量外），浸泡約 30 分鐘，撈出。

③

另起一鍋水煮滾，放入雞胸肉後關火，泡熟約 20 分鐘放涼，剝成絲。

④

碗中放入芝麻醬、糖、白醋、香油、水及辣油。

④

一起調勻成口水醬。

⑤

將小黃瓜放在粉皮上面，再均勻放上雞絲。

⑥

把口水醬均勻淋在雞絲上，最後放上香菜即完成。

# 03 五味透抽

份量 2 人份
火力 中火
時間 20 分鐘

學會調製五味醬，可以廣用在各種氽燙的海鮮類料理中
既快速又美味

**材料**

透抽 200 克 1 隻
高麗菜 100 克
薑 1 塊（12.5 克）
蔥 1 支（10 克）
蒜頭 2 顆（3.5 克）
香菜 1 支（2 克）
辣椒 1/2 根（2.5 克）

**調味料**

**五味醬食材**
番茄醬 2.5 大匙
糖 2/3 大匙
醬油膏 2/3 大匙
烏醋 1/4 小匙
香油 1/2 小匙

—— TIPS 主廚不外傳的關鍵祕訣 ——

透抽煮後去除外膜會比較容易
些，且用泡熟的方式來製作，可
以預防因為煮過頭而讓口感變得
太硬。

## 備料步驟

**1** 食材洗淨。薑去皮一半切末，一半切片；蔥白切末，蔥綠切段；蒜頭去頭尾及外皮、辣椒去蒂及籽與香菜均切成末。

**2** 將所有辛香料放入碗中，加入調味料中的五味醬食材，一起拌勻即為沾醬（需前一天做好放冰箱）。

**3** 高麗菜洗淨後，切絲泡冰水 5 分鐘後，瀝乾水分，盛入盤中。

## 料理步驟

**1** 鍋中倒入 4 杯水加蔥段、薑片煮滾，關火後放入透抽加蓋，泡 5 分鐘。

**2** 透抽撈起，放入飲用水中，先將透抽的頭部拔出洗淨。去除外膜洗淨後，撈出、瀝乾水分。

**3** 將頭部對切一半。

**4** 身體的上半部，切成小段均排入盤中。

**5** 將身體的中段切花刀片，排在高麗菜絲上即可。

# 04 蔥油地瓜葉

雖説是一道餐桌上常見的家常菜，但用豬油
煸過的紅蔥頭吃起來會有特殊的香氣

| 份量 | 4 人份 |
|---|---|
| 火力 | 中火 |
| 時間 | 10 分鐘 |

**材料**

地瓜葉 300 克
紅蔥頭 2 顆（10 克）
油蔥酥 10 克
豬油 2 大匙

**調味料**

**A**

豬油 1 大匙
醬油 1 大匙
水 1/4 杯

**B**

油 1/4 匙
鹽 1/4 匙

①

地瓜葉洗淨、切除約 6 公分的根，再對切一半。

②

紅蔥頭洗淨去頭尾及外皮，切成圓片狀。

①

鍋中放入豬油 2 大匙燒熱，放入紅蔥頭片炸至金黃變酥。

②

炸酥後撈出。

③

鍋中依序放入調味料中的豬油、醬油、水以及油蔥酥煮滾後即為油蔥酥。

④

鍋中倒入適量的清水煮滾，加入調味料 B 中的油跟鹽。

⑤

放入地瓜葉的根部汆燙 1 分鐘，再放入葉子汆燙至熟，撈出，放入盤中。

⑥

最後淋上油蔥酥醬即完成。

跟大廚學做菜！不費工、簡單煮，新手一次就能學會的烹調技法

Lesson 10　拌的技法

241

# 05 松柏長青

這道菜色是屬於涼拌菜,現拌現吃
清爽開胃,讓人一吃上癮

🍽 **份量** 4 人份
🔥 **火力** 中火
🕐 **時間** 15 分鐘

| 材料 | | 調味料 | |
|---|---|---|---|
| | 白菜心 100 克 | | 鎮江香醋 1 大匙 |
| | 香菜(20 克) | | 糖 1 大匙 |
| | 薑 1 塊(2 克) | | 白醋 4 匙 |
| | 辣椒 1 根 | | 鹽 1/2 匙 |
| | 五香豆干 100 克 | | 香油 2 匙 |
| | 蒜味花生 40 克 | | 辣油 1/2 匙 |

—— TIPS 主廚不外傳的關鍵祕訣 ——

如果要增加白菜心的脆度,可以
泡入冰塊水中,一方面可以增加
脆口感,另一方面也可以把菜的
澀味給去除。

**備料步驟**

4~6×0.2~0.4cm
0.2~0.4cm
4~6×0.2~0.4cm
4~6×0.2~0.4cm

**①**

白菜心洗淨後切成細絲，辣椒洗淨去籽、切絲；香菜洗淨後去除根部，切成小段，全部放入碗中。

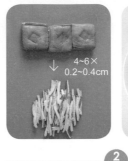
4~6×0.2~0.4cm

**②**

五香豆干洗淨後、切細條，將蒜味花生準備好。

**料理步驟**

**①**

鍋中倒入適量的清水煮滾，倒入五香豆干汆燙約 2 分鐘，撈出後瀝乾，等到豆干稍微冷。

**②**

將豆干倒入其他食材中，再依序加入調味料的所有材料放入蒜味花生。

**③**

全部混合拌勻即可撈出擺盤。

# 06 煙燻鱸魚

煙燻的滋味，總能讓垂涎指數破表
作法簡單，準備好糖、麵粉、茶包，在家就能燻出吮指風味

| | 份量 | 4 人份 |
|---|---|---|
| | 火力 | 中火→小火 |
| | 時間 | 20 分鐘 |

**材料**
金目鱸魚 1 隻
（600 克）
蔥 2 支
薑 20 克

**燻料**
糖 120 克
麵粉 1 大匙
香片茶包 2 個

**調味料**
**醃料**
水 1 杯
鹽 1 大匙
胡椒 1/4 匙
**糖水**
水 2 大匙
糖 1 大匙
**沾醬**
桂冠沙拉 2 大匙
薑黃粉 1/4 匙
蒜末 2 克

**備料步驟**

**①** 蔥洗淨、切 6 公分長段；將洗淨、去皮，切片。

**②** 金目鱸魚清洗乾淨，在兩面各劃數刀後放入盤中，加醃料與蔥段、薑片醃漬 10 分鐘。

**③** 把沾醬的材料，桂冠沙拉、薑黃粉、蒜末一起拌勻成沾醬備用。

**料理步驟**

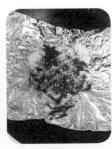

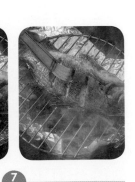

**①** 鍋中倒入 4 杯油燒熱至 150℃，調成小火，放入金目鱸魚油炸 15 分鐘後將魚撈起瀝乾。

**②** 另起一鍋，放入糖水的材料，煮至糖融化，取出備用。

**③** 鍋中先鋪上一層鋁箔紙，平均鋪上燻料中的糖、麵粉，拆開倒出的香片茶包。

**④** 放上燻架，上面再平均鋪入醃魚的蔥段、薑片。

**⑤** 放上金目鱸魚，在上面刷上糖水。

**⑥** 開中火煙燻，蓋上鍋蓋，邊燻要邊晃動鍋子，這樣上色才會均勻。

**⑦** 大約 2～3 分鐘上色，再上一次糖水即可取出，可搭配沾醬一起食用。

Part3

# 基本刀工、盤飾、水花製作要訣

大廚不外傳

## 切片

使用片刀，片出來才會又薄又漂亮。切片時，先目測好所需的厚度之後才下刀。

## 切絲

程序上一定要先切成薄片才能進行切絲。將切下來的薄片攤成一排，就可以進行切絲。

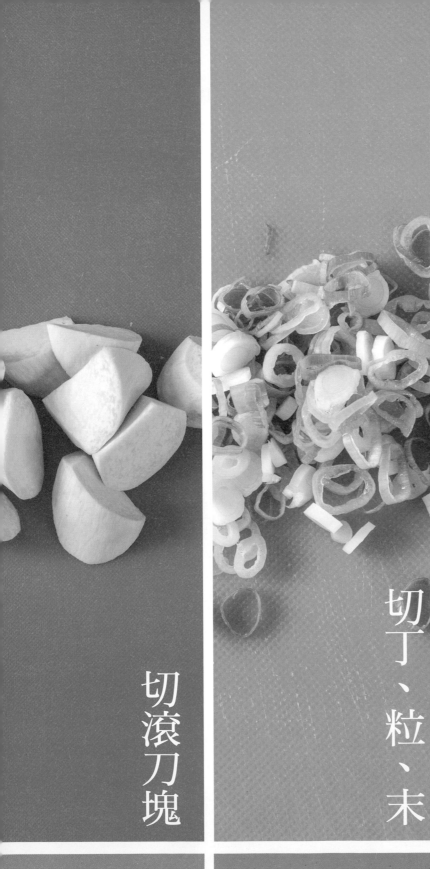

切滾刀塊

切丁、粒、末

盤飾、水花

刀子與食材約為 45 度斜角，
透過邊滾動食材邊下刀切出
來的塊狀就是滾刀塊。

丁是由條所切成，粗條切成
大丁，細條切成小丁，而粒
比丁的形狀更小，最小是切
成末。

只要能掌握好基本技巧，就
能切割出完美又漂亮的外型
排入盤中，達到畫龍點睛的
美化效果。

# 熟能生巧！基本刀工的要訣

　　所謂的刀工就是根據烹調需求，運用不同的切割技巧，把食材切成塊、片、絲、丁、粒、末的過程，只要掌握好基本要訣，就能切割出完美又適用的外型。

### 1. 切片

　　記得要使用片刀，尤其如果是要切成薄片，片出來的成品才會又薄又漂亮。切片時，先目測好所需的厚度之後才下刀。

### 2. 切絲

　　程序上一定要先切成薄片，才能切絲。只要將切下來的薄片攤開成一排，就可以進行切絲的動作。

### 3. 切滾刀塊

　　刀子與食材約為 45 度的斜角，透過邊滾動食材邊下刀所切出來的塊狀就是滾刀塊。

### 4. 切丁、粒、末

　　丁是由條所切成，粗條切成大丁，細條切成小丁，而粒比丁的形狀更小，最小的則是切成末。

---

**01 小黃瓜｜切菱形片｜**

**①** 小黃瓜洗淨，先對切一半，再均分成4等分。　**②** 將瓜囊去除。　**③** 再一一去除其他的瓜囊。將小黃瓜翻面。

**④** 將刀略斜 15 度，均切成段。即可切成菱形片狀。

**02 洋蔥｜切菱形片&切絲｜**

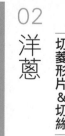  

**①** 去皮洋蔥，先對切一半，再均分成 3 等分。　**②** 取中間部分。

**③**

將刀略斜 15 度，均切成段。

**④**

即為菱形片狀。

**⑤**

去皮洋蔥對切一半後，順紋切成薄片。

**⑥**

即可切成絲狀。

## 03 薑 ｜切菱形片｜

**①**

先將薑四邊切除後呈長方形。

**②**

45 度斜刀切除前段較不規則處。

**③**

再斜刀 45 度切段取中間部分。

**④**

即為菱形塊狀。

**⑤**

再一一切成 0.1 公分的薄片。

**⑥**

即為菱形片。

## 04 紅蘿蔔 ｜切絲&切末｜

**①**

先將紅蘿蔔二邊切除，中間為 5 公分寬度。

**②**

高度為 3 公分，切除多出的地方。

**③**

再將兩側不規則處切除，取中間部分。

**④**

再均切成 0.1 公分的薄片。

**⑤**

長度大約與小拇指等長。

**⑥**

一定要先切薄片後，才能切絲。

**⑦**

即可切成絲狀。

**8**
旋轉90度，均切成
細末。

**9**
最後即可切成紅蘿
蔔末。

05

| 切絲 |

黑木耳

**1**
先準備好一朵黑木
耳。

**2**
抓住黑木耳兩側後
捲起。

**3**
充分捲緊。

**4**
再均切成0.1公分
的薄片。

**5**
即可切成絲狀。

06

| 切丁&切粒&切末 |

筍子

**1**
先將筍片切成約1
公分厚的片狀。

**2**
切成條狀。

**3**
再切成大丁狀。

**4**
依序完成其他。

**5**
將筍片切成約0.3
公分厚的片狀。

**6**
切成粗絲狀。

**7**
再切成粒狀。

**8**
依序完成其他。

**9**
或切成約0.1公分
寬度的薄片後切細
絲，再切成末。

**10**
即可切成筍末。

## 07 香菇 ｜切片＆細絲｜

**1**
將乾香菇泡開後，取出、瀝乾水分。

**2**
將香菇對折。

**3**
切除蒂頭。

**4**
切除蒂頭。

**5**
再片成約 1 公分的片狀。

**6**
依序完成。

**7**
或切成約 0.1 公分寬度的細絲。

**8**
即可切成香菇絲。

## 08 杏鮑菇 ｜切滾刀塊｜

**1**
片刀以 45 度角切下杏鮑菇

**2**
刀不動，滾動杏鮑菇，切下第二刀。

**3**
繼續滾動杏鮑菇，保持好斜度。

**4**
陸續下刀。

**5**
依序完成其他。

**6**
即可切成滾刀塊。

## 09 蒜頭 ｜切薄片｜

**1**
先用剪刀將蒜頭的頭尾剪除去外膜。

**2**
再用片刀將蒜頭切成 0.1 公分的薄片。

**3**
即可切成薄片。

## 10 蔥 ｜切末｜

**1** 先用蔥切成等長的長段，再均切成約 0.1 公分寬的長度。

**2** 即可切成蔥花。

## 11 豬肉 ｜切細絲｜

**1** 先將豬肉多餘的脂肪片除。

**2** 要儘量片除乾淨。

**3** 再均切成 0.3 公分的薄片。

**4** 依序完成。

**5** 切成約 0.3 公分寬度的細絲。

**6** 即可切成肉絲。

## 12 牛肉 ｜切粗絲｜

**1** 將牛肉多餘的脂肪片除。

**2** 再均切成 1 公分的片狀。

**3** 依序完成。

**4** 再切成約 1 公分寬度的條狀。

**5** 長度與小拇指等長，即為牛柳（條狀）。

# 藝術饗宴！基本盤飾的要訣

擺盤其實是一門藝術。
只要掌握好基本要訣，把食材切割出完美又漂亮的外型排入盤中，就能達到裝飾效果。

## 01 大黃瓜盤飾 A

**1** 黃瓜先切一段約 6 公分。

**2** 取約 1/3 處切下。

**3** 其他兩側也同樣切下。

**4** 取下其中的一塊。

**5** 將大黃瓜表皮朝上放置。

**6** 均切成約 0.2 公分的薄片。一端留 0.1 公分不斷，切 5 片。

**7** 攤開排入盤中。

**8** 另一側也排入 5 片。

**9** 以正三角形的角度，排入切好的黃瓜片。

**10** 將辣椒切成小圓片。

**11** 依序放入大黃瓜底端即完成蓮花盤飾。

253

## 02 大黃瓜盤飾 B

**1** 黃瓜取 1/3，先切 0.1 公分薄片底不切斷，第二刀切斷。

**2** 展開後即可成為一片葉片。

**3** 放入盤中。

**4** 另外兩片以同樣的切法，放入盤中。

**5** 再切成 0.1 公分的薄片，第二刀切斷前端不切斷。

**6** 將黃瓜片略微扭轉一下。

**7** 取其中一片反折到另一片之下。

**8** 將其固定好。

**9** 即完成第一個。

**10** 放入盤中左側。

**11** 再完成右側。

**12** 最後依序完成另外兩個即可。

**13** 利用不同的擺盤方式，將左右各排入一片薄片。

**14** 中間再放入另一片。

**15** 再依序完成另外兩個即可。

## 03 大黃瓜盤飾 C

**1** 黃瓜取下一段約小拇指的長度。

**2** 切下所需的份量。取 1/3 塊。

**3** 先直切除 1/4，再均切 7 刀，前端留 0.5 公分不切斷。

**4** 將切好的長條形均勻展開，放入盤中右側。

**5** 另一個切好的長條形展開後放入盤中左側。

**6** 重複 3-5 的步驟，完成後以辣椒圓片裝飾即可。

## 04 大黃瓜盤飾 D

**1** 黃瓜取下 1/3，切成約 0.1 公分的薄片。

**2** 排入盤中即完成。

## 05 小黃瓜盤飾 A

**1** 小黃瓜先切除前端，再取下一段約小拇指的長度。

**2** 對切一半。

**3** 切成 0.1 公分的薄片

**4** 盤中先排入大黃瓜盤飾 C，再排入小黃瓜薄片。

**5**
另外一側也依序完成。

**6**
在小黃瓜接縫處放入辣椒圓片裝飾即完成。

06
## 小黃瓜盤飾 B

**1**
小黃瓜取下一段對切一半，切成 0.1公分的薄片。

**2**
先取一片排入盤中。

**3**
再疊上另外 2 片。

**4**
最後疊上三片小黃瓜。

**5**
另外一側也以同樣方式疊上即完成。

07
## 小黃瓜盤飾 C

**1**
小黃瓜取下一段約小拇指的長度，切成 0.1 公分的薄片。

**2**
先取一片排入盤中。

**3**
再疊上另外 2 片。

**4**
最後疊上 1 片小黃瓜，另外一側也以同樣方式疊上，以辣椒圓片裝飾即完成。

## 08 小黃瓜盤飾 D

**1** 小黃瓜切除蒂頭，切成斜薄片。

**2** 對切一半。

**3** 將其中一片翻轉180度，即可排入盤中。

## 09 紅蘿蔔盤飾 A

**1** 去皮紅蘿蔔切下一段。

**2** 先以斜刀切除一側。

**3** 再以斜刀切除另一側。

**4** 切成等邊三角形。

**5** 再均切成薄片後，排入盤中即完成。

## 10 紅蘿蔔盤飾 B

**1** 去皮紅蘿蔔取下約1/3處。

**2** 均切成約0.1公分的薄片。

**3** 取其中7片，排入盤中，並且以正三角形的角度，排入切好的紅蘿蔔片即完成。

# 形狀變化！水花示範

「水花」是很基本的刀工技巧，也是丙級技術士技能檢定術科的必考科目，練刀工就是練習如何把刀子在收放之間，拿捏出剛剛好的力道。這裡一共示範了 6 種水花，根據食材形狀來變化不同的刀法，最後達到雕琢出美麗形狀的擺盤裝飾片。

## 01 正方形蝴蝶頭

**1** 切下紅蘿蔔比較寬的一段，約 2.5 公分的厚度。

**2** 先切除左右兩側。

**3** 再切除上下兩側，讓中間成為四方形。

**4** 將切下來的紅蘿蔔去除。

**5** 取中心位置，直刀一刀，45 度斜刀一刀，即可切割出斜 V 的形狀。

**6** 在 1/4 處以 45 度斜刀一刀，更斜的 15 度斜刀，切割出另一個斜 V 的形狀。

**7** 紅蘿蔔順時針旋轉 90 度，取中心位置，直刀一刀，45 度斜刀一刀，切割出斜 V 的形狀。

**8** 在 1/4 處以 45 度斜刀一刀，更斜的 15 度斜刀，切割出另一個斜 V 的形狀。

**9** 重複（步驟 05-08）的動作切法。

**10** 最後一側取中心位置，直刀一刀，45 度斜刀切割出斜 V 的形狀。

**11** 在中心位置下 45 度斜刀一刀，切割出深 V 的形狀。

**12** 在 1/4 處以 45 度斜刀一刀及更斜的 15 度一刀，切割出斜 V 形狀。

**13** 切出中間的深 V 再在 1/4 處以 45 度斜刀一刀，更斜的 15 度斜刀，切割出另一個斜 V 的形狀。

**14**

其他三邊以同樣方式進行切割，即可完成正方形蝴蝶頭。

## 02 飛鏢

**1**

先切下紅蘿蔔比較寬的一段，約 2.5 公分的厚度。

**2**

先切除左右兩側。

**3**

再切除上下兩側，讓中間成為四方形。

**4**

將切下來的紅蘿蔔去除。

**5**

取靠在 1/4 的位置，斜刀 45 度一刀，15 度斜刀一刀，即可切割出斜 V 的形狀。

**6**

其他三邊重複動作依序切完。

**7**

將紅蘿蔔前後對調，取 1/4 的位置 45 度斜刀一刀，15 度斜刀一刀，即可切割出斜 W 的形狀。

**8**

依序完成其他三邊。

**9**

依序完成其他三邊。

**10**

取中心位置，左右各切 45 度斜刀一刀，切割出 V 的形狀。

**11**

依序完成其他三邊。

## 03 松樹

**1** 先切下紅蘿蔔比較寬的一段，約 2.5 公分的厚度。

**2** 取中心位置，對切一半。

**3** 再對切一半。

**4** 取其中一半。

**5** 在中間偏左，先 45 度斜刀一刀，更斜 15 度斜刀一刀，切割出斜 V 的形狀。

**6** 繼續以 45 度斜刀一刀，15 度斜刀一刀，切割出第二個斜 V 的形狀。

**7** 再以 45 度斜刀一刀，15 度斜刀一刀，切割出第三個斜 V 的形狀。

**8** 另一側，在中間偏左，先 45 度斜刀一刀，更斜 15 度斜刀一刀，切割出斜 V 的形狀。

**9** 繼續以 45 度斜刀一刀，15 度斜刀一刀，切割出第二個斜 V 的形狀。

**10** 再以 45 度斜刀一刀，15 度斜刀一刀，切割出第三個斜 V 的形狀。

**11** 在中間偏右，先 45 度斜刀一刀，斜 15 度斜刀一刀，切割出斜 V 的形狀。

**12** 在中間偏左，先以 45 度斜刀一刀，斜 15 度斜刀一刀，切割出斜 V 的形狀即完成。

# 04 長方鋸齒

**①** 先切下紅蘿蔔比較寬的一段，約 2.5 公分的厚度。

**②** 取中心位置，對切一半，取其中的一半，先切除左邊的 1/4 處。

**③** 再將上下切除。

**④** 即成長方形。

**⑤** 在中間偏右，先直刀一刀，45 度斜刀一刀，切割出斜 V 的形狀。

**⑥** 繼續直刀一刀，45 度斜刀一刀，切割出第二個斜 V 的形狀。

**⑦** 再繼續直刀一刀，45 度斜刀一刀，切割出第三個斜 V 的形狀。

**⑧** 另一側也以同樣方式，先直刀一刀，45 度斜刀一刀，切割出斜 V 的形狀。

**⑨** 繼續直刀一刀，45 度斜刀一刀，切割出第二個斜 V 的形狀。

**⑩** 再繼續直刀一刀，45 度斜刀一刀，切割出第三個斜 V 的形狀。

**⑪** 將長方形上下翻轉。

**⑫** 在中間偏左，先直刀一刀，45 度斜刀一刀，切割出斜 V 的形狀。

**⑬** 繼續直刀一刀，45 度斜刀一刀，切割出第二個斜 V 的形狀。

**⑭** 再繼續直刀一刀，45 度斜刀一刀，切割出第三個斜 V 的形狀。

**⑮** 另一側也以同樣方式，先直刀一刀，45 度斜刀一刀，切割出斜 V 的形狀。

**⑯** 繼續直刀一刀，45 度斜刀一刀，切割出第二個斜 V 的形狀。

**⑰** 再繼續直刀一刀，45 度斜刀一刀，切割出第三個斜 V 的形狀即完成。

## 05 蝙蝠

**1** 先切下紅蘿蔔比較寬的一段，約 2.5 公分的厚度。

**2** 取中心位置，對切一半，取其中的一半。

**3** 取中心位置，直刀一刀，左右各下 45 度斜刀，即可切割出深 V 的形狀。

**4** 左邊取中間偏左 15 度斜刀一刀，更斜 45 度斜刀一刀，切割出斜 V 的形狀。右邊的切法相同。

**5** 將紅蘿蔔上下翻轉，取中間，左邊先下 45 度斜刀，再以 15 度斜刀，切出切割出斜 V 的形狀。右邊的切法相同。

**6** 在中間偏左，先直刀一刀，45 度斜刀一刀，切割出斜 V 的形狀，再依序切割出另外三個斜 V 的形狀。

**7** 左邊的切割即完成。

**8** 右側與左邊的切法一致，即完成。

# 食材類別索引

## 豬牛類

京醬肉絲 …………………028
客家小炒 …………………030
薑絲大腸 …………………032
蒼蠅頭 ……………………034
回鍋肉 ……………………036
炒豬肝 ……………………038
彩椒骰子牛 ………………040
蔥爆牛肉 …………………042
干炒牛河 …………………077
無錫排骨 …………………080
麻油松阪肉 ………………082
東坡肉 ……………………084
藥燉排骨 …………………087
豬腳麵線 …………………088
五香牛腱 …………………090
紅燒牛腩 …………………092
豉汁排骨 …………………118
梅干扣肉 …………………120
蜜汁火腿 …………………123
蛋黃瓜仔肉 ………………126
醃篤鮮 ……………………156
水煮牛肉 …………………159
羅宋湯 ……………………162
客家鹹湯圓 ………………174
咕咾肉 ……………………192
黑椒牛柳 …………………194
茄汁豬排 …………………208
咖哩小排 …………………210

## 雞鴨類

安東子雞 …………………044
宮保雞丁 …………………046
左宗棠雞 …………………048
花雕雞 ……………………094

芋香滑雞煲 ………………096
三杯雞 ……………………098
栗子燒雞 …………………100
麻油雞 ……………………102
芋頭鴨 ……………………104
臘腸蒸雞 …………………128
人參燉烏雞 ………………130
鳳梨苦瓜雞湯 ……………153
蔥油雞 ……………………164
酸辣湯 ……………………167
酸菜下水湯 ………………170
椒麻雞 ……………………176
鹹酥雞 ……………………178
南乳雞翅 …………………180
紹興醉雞 …………………224
麻辣雞胗 …………………234
雞絲拉皮 …………………236

## 海鮮類

生菜蝦鬆 …………………050
腰果蝦仁 …………………052
龍井蝦仁 …………………054
三鮮炒麵 …………………066
櫻花蝦炒飯 ………………072
蒜燒黃魚 …………………106
蔥燒烏參 …………………108
乾燒大蝦 …………………110
豆酥鱈魚 …………………132
樹子蒸午仔魚 ……………134
剁椒鱸魚 …………………136
蔥油石斑 …………………138
蒜蓉明蝦 …………………140
紅蟳米糕 …………………150
鯧魚米粉 …………………172
香酥花枝條 ………………182
百花油條 …………………185

鳳梨蝦球 …………………188
西湖醋魚 …………………196
乾煎魚肚 …………………202
雪菜魚片 …………………212
蔭豉鮮蚵 …………………214
鹹蜆仔 ……………………232
五味透抽 …………………238
煙燻鱸魚 …………………244

## 蔬菜&蛋&豆腐

乾煸四季豆 ………………056
金沙南瓜 …………………058
蝦醬空心菜 ………………061
腐乳高麗菜 ………………062
番茄炒蛋 …………………064
金瓜米粉 …………………069
雪菜肉絲年糕 ……………075
苦盡甘來 …………………112
三杯杏鮑菇 ………………114
湖南豆腐 …………………116
百花鑲豆腐 ………………142
清蒸臭豆腐 ………………144
蒸三色蛋 …………………146
上海菜飯 …………………148
西魯肉 ……………………198
金銀蛋莧菜 ………………201
魚香烘蛋 …………………203
菜脯蛋 ……………………206
蟹黃角瓜 …………………216
蟹黃豆腐 …………………219
麻婆豆腐 …………………222
梅汁番茄 …………………227
廣東泡菜 …………………228
味噌小黃瓜 ………………230
蔥油地瓜葉 ………………240
松柏長青 …………………242

# 台灣廣廈 國際出版集團
Taiwan Mansion International Group

國家圖書館出版品預行編目（CIP）資料

1500張實境照！料理不失敗10堂必修課：世界金牌團隊的100
道美味家常菜，炒燒蒸煮炸×溜煎燴拌漬烹調技巧超圖解 / 開
平青年發展基金會著. -- 初版. -- 新北市：台灣廣廈, 2020.01
　　面；　公分.
ISBN 978-986-130-450-2
1. 烹飪 2. 食譜
427.1　　　　　　　　　　　　　　　　　108017465

# 1500張實境照！料理不失敗10堂必修課
## 世界金牌團隊的100道美味家常菜，炒燒蒸煮炸×溜煎燴拌漬烹調技巧超圖解

| | |
|---|---|
| 作　　　者／開平青年發展基金會 | 編輯中心編輯長／張秀環 |
| 攝　　　影／Hand in Hand Photodesign | 封面設計／曾詩涵・內頁排版／菩薩蠻數位文化有限公司 |
| 　　　　　　璞真奕睿影像 | 製版・印刷・裝訂／東豪・弼聖・秉成 |

行企研發中心總監／陳冠蒨　　　　　　　線上學習中心總監／陳冠蒨
媒體公關組／陳柔彣　　　　　　　　　　產品企製組／顏佑婷
綜合業務組／何欣穎

發　行　人／江媛珍
法 律 顧 問／第一國際法律事務所 余淑杏律師・北辰著作權事務所 蕭雄淋律師
出　　　版／台灣廣廈
發　　　行／台灣廣廈有聲圖書有限公司
　　　　　　地址：新北市235中和區中山路二段359巷7號2樓
　　　　　　電話：（886）2-2225-5777・傳真：（886）2-2225-8052

代理印務・全球總經銷／知遠文化事業有限公司
　　　　　　地址：新北市222深坑區北深路三段155巷25號5樓
　　　　　　電話：（886）2-2664-8800・傳真：（886）2-2664-8801
郵 政 劃 撥／劃撥帳號：18836722
　　　　　　劃撥戶名：知遠文化事業有限公司（※單次購書金額未達1000元，請另付70元郵資。）

■出版日期：2020年01月　　　　　■ 初版3刷：2023年01月
ISBN：978-986-130-450-2